ERIC OWEN MOSS ARCHITECTS

艾瑞克·欧文·莫斯

建筑设计作品集

我在寻找一种压力。

只有各种可能性之间的那种张力才能精确地再现
我们的文化。

——艾瑞克·欧文·莫斯

ERIC OWEN MOSS ARCHITECTS

艾瑞克·欧文·莫斯

建筑设计作品集

[美] 艾瑞克·欧文·莫斯（Eric Owen Moss）/ 编著

贺艳飞 / 译

广西师范大学出版社
·桂林·

images
Publishing

图书在版编目(CIP)数据

艾瑞克·欧文·莫斯建筑设计作品集／(美)艾瑞克·欧文·莫斯(Eric Owen Moss)编著;贺艳飞译. —桂林:广西师范大学出版社,2017.10
(著名建筑事务所系列)
ISBN 978 - 7 - 5598 - 0265 - 1

Ⅰ.①艾… Ⅱ.①艾… ②贺… Ⅲ.①建筑设计－作品集－美国－现代 Ⅳ.①TU206

中国版本图书馆 CIP 数据核字(2017)第 226488 号

出　品　人:刘广汉
责任编辑:肖　莉
助理编辑:季　慧
版式设计:吴　茜

广西师范大学出版社出版发行

(广西桂林市中华路22号　　　邮政编码:541001)
(网址:http://www.bbtpress.com)

出版人:张艺兵
全国新华书店经销
销售热线:021 - 31260822 - 882/883
恒美印务(广州)有限公司印刷
(广州市南沙区环市大道南路334号　邮政编码:511458)
开本:635mm×965mm　　1/8
印张:32　　　　　　字数:40 千字
2017 年 10 月第 1 版　　2017 年 10 月第 1 次印刷
定价:268.00 元

CONTENTS 目录

建筑师箴言

如果没有碎，就不要修补。

听起来耳熟吗？也许吧。

但在建筑师艾瑞克·欧文·莫斯建筑事务所的走廊里，你永远不可能看到那种熟悉的东西。

偶尔，建筑师会把时间囊括进去——冻结；我很确定地告诉你，只有极少的人类拥有这种能力。

现在，有些人可能以为艾瑞克·欧文·莫斯建筑事务所（简称EOMA）是一个学术机构，它的确是。

还有些人会认为EOMA是洛杉矶的一个地方，它的确也是。

甚至有些人认为EOMA是一座反抗的堡垒，有时候它的确是。

但还有些别的东西。

它更加晦涩，

更加深奥。

不受限于地点。

不受限于时间。

我们是理想主义者。

当然名义上，我们的目标是建筑和建筑物，但从最广泛的意义上看，包装大厦却表达了对自由和想象的追求。

我说追求，但并不能保证它会得到回报。

记住，没有人拥有自由和想象。

它停歇一会儿，然后消散，最终消失。

我们可能现在正位于某一个这样的瞬间，

但无论抓得多紧，我们都无法留住它。

只有充满创造和发明的世界，才能存续一个充满自由、想象的世界。

这意味着最好的建筑在本质上蕴含一定风险。

建筑和风险是同义词。

没有风险？

没有自由。

有时候，我听到人们说我们很天真。

有时候，我听到人们说我们很简单。

也许是这样，不过我们知道，天真和简单是资产，而非债务。

建筑是对如何生活的一种假设。

"我是谁？"小男孩问。

建筑师不仅仅关乎你所做的。

建筑师关乎你为什么做你所做的。

我们想象。

我们创造。

像今天这样的特殊时刻不会结束，即便时间停滞。

所谓的建筑历史是对创造的一瞬的回顾。

但包装大厦却不与历史相关，也不是对过去的研究。

而是我们在未来创造的历史。

我们已经聆听了他人说过的话语。

我们已经了解了可被教授的东西。

现在，我们的工作是告诉建筑学，那些被遗漏、被错失的东西。

如果可以，建造正在遗失的东西才是挑战。

因为我确定总有一些东西还在遗失。

世界变得不一样。

建筑也变得不一样。

我不是说它变得更好。

我也没说它变得更差。

我们研究已经完成的东西。

我们学习假设。

我们仔细检查策略。

我们分析结果。

但我们不知道接下来将面临何种"凶猛的怪兽"。

过去和未来之间存在一种由来已久的紧张关系，甚至存在一种渴望。

这是不可避免的。

学习培养那种渴望。

过去要求忠实于它所做的一切。

不会心甘情愿地松开它所抓住的东西。

未来会心领神会地帮它松开。

而且未来一定会这样做。

因为这是迟早的事……

你听过《戈尔迪之结》的故事吗？

那些声名狼藉之人努力研究了数年，试图找出办法解开那个复杂的绳结，却无果而终。直到亚历山大大帝现身，他抽出自己的剑，将绳结劈成了两半。

就像这样。

劈开绳结。

将过去和现在分开，然后创造未来。

现代心理学家要求避免紧张的状态。

另一方面，建筑却追逐这种紧张的状态。

寻找它——在我们去过的和即将前往的地方之间寻找它。

让永远不舒适的地方变得舒适，

因为建筑探险是历久不衰的。

这个要求有点儿过高。

我知道。

期望总是很高。

你今天凑巧阅读了《纽约时报》吗？

"我们是谁？"小女孩问。

爱情发生在下午；政治、艺术、文化以及无数时间和体验产生在陆地上、大海上、天空中……内向的、外向的……有名的、无名的……事物和事物碎片……。

我们如何穿过那片多方位的熊熊大火？

我相信，建筑能讲述这个故事，发现它的意义。

我相信这点。

建筑能够建造未来。

这意味着，建筑能够塑造和重塑意义。

这就是我们的工作。

建筑表现文化：

表现我们渴望成为的人。

表现我们爱恋的人。

表现我们讨厌的人。

建筑肯定我们。

建筑解剖我们。

建筑轻视我们。

建筑留下了这个故事，要讲述给那些还未降生之人听。

建筑跨越时间。

它向里延伸，

它向上延伸，

它向外延伸，

它向下延伸。

这是包装大厦的结语，一个老朋友汤——姆斯·沃尔夫所写。20世纪30年代时，他在纽约城59号街至列克星敦站的地铁墙壁上发现了这段话：

"我还不能告诉他如何设计；我还不能提供一些他能够赖以构建的规则。我将成为一名建筑师，发现线条、结构以及建筑语言的关联。我必须发现这些，如果我想做自己想做的工作的话。正是这个原因，同时因为我有时候会遇到挫折，也因为我的经历以及才能仍然处于发现的过程，我才说出这些话。从今天开始，这是一个有关竞赛的故事，有焦点有汗水，有成功有失败，最终，会有成果。我现在还不知道如何设计和建造。但我正在学习。我已经了解有关我自身以及建筑作品的一些重要的东西，我将致力于继续讲述这个故事。"

建筑是一条从过去流向未来的永恒之河。

抛出你的贡献品，

看它能否浮起来。

我们认为它会浮起来。

与同龄人聊聊；

与文化对话；

同自己说说；

同那些还未出生之人讲讲。

为人们书写新的篇章。

没有人能够撰写整个故事。

建筑是一部未完成的交响曲。

不要让音乐停止。

如果没有破碎，

要么打碎它，要么加固它。

创造一个全新的它。

这才是建筑师的忠告。

欢迎来到包装大厦。

——艾瑞克·欧文·莫斯
包装大厦揭幕式演讲稿

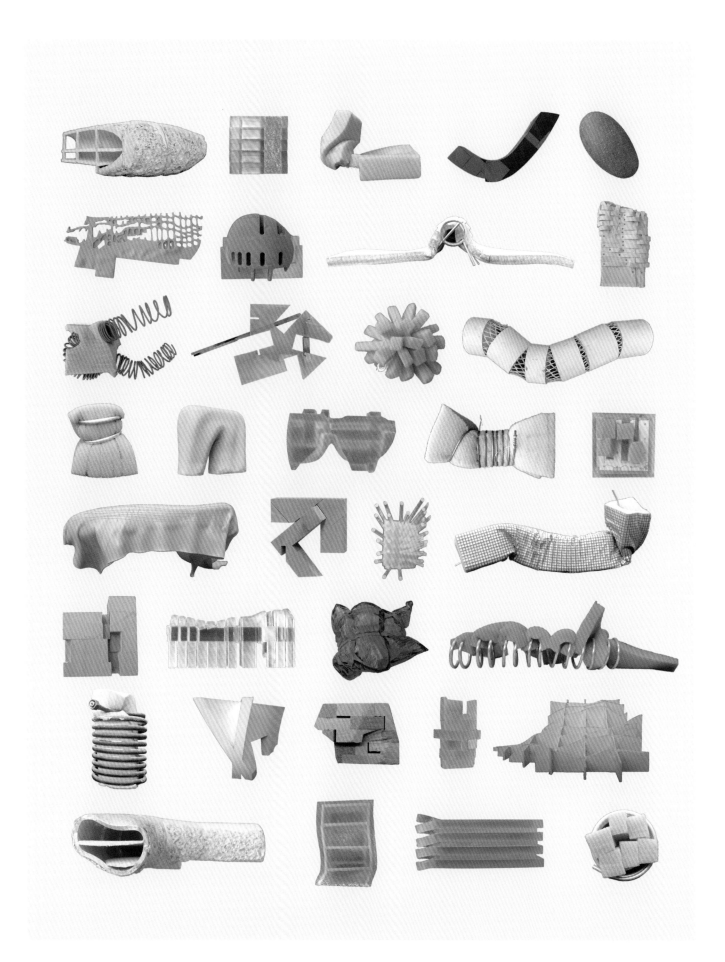

EOMA哲学

现代建造者并不会为世界各地的火山制作总规划。引言指的是一种在人生和建筑中的冒险精神。什么是风险？

对任何管理规范的怀疑都如同现在一样由相同的成分构成。建在维苏威火山上意味着，教学环境是以我们对现存世界的长时间不满为前提的。如果这种不满成分缺失，那就失去了动力去改变我们在世界中所发现的条件。世界在变化；重点、特权和能力在发展。世界可能会变得更好，也可能变得更坏，还可能变得既好又坏。我们可以讨论这些可能性。

我感兴趣的是，建筑师是否有勇气去推测那种渐变的内容，去协调那种变化，去批判那种变化，包括在一座火山上建筑。

伊斯坦布尔的罗马蓄水池、柱头倒置的美杜莎柱

从圣索菲亚大教堂横穿马路（之前这里有一座圣索菲亚大教堂），沿着一段潮湿阴暗的台阶往街道下方走，就能看到伊斯坦布尔市一座拥有2000年历史的罗马蓄水池。在约一米深的积水里，竖立着两根倒置的美杜莎式柱头柱，原柱头的部分淹没在水里。罗马人利用一座被拆除的希腊神庙中的柱子，修建了这个蓄水池。这些倒置的柱子支撑着与街面平齐的蓄水池顶盖，而两根美杜莎式柱的柱头就倒立在水中。

对希腊人来说，爬满蛇的美杜莎头像是一种回忆，看一眼就足以令他们迈不动脚步。因此，罗马人把这种希腊信仰埋在了水里。

在论及一种更加先进的敌对文化时，一种文化有时候能够进行自我解释。现在和过去因为争夺未来的所有权而变成了敌人。这种竞争是如何发生的才是我们的主题。如今，人们热烈讨论着有关思想随着时间逐渐进化的话题，特别是在自然保护主义者之中。他们将其称为进步。

倒置的美杜莎表现了相反的内容，暗示了历史上思想出现深度断层的可能。非常重要的是，年轻的建筑师们切实认识到，对文化历史的批判以及一种向前的进取态度才能快速创造新的设计词汇。不是缓慢的文化发展，而是瞬间的敌对姿态，文化对文化，旧对新，才能促进新设计词汇的创造。

罗马人直面他们的文化强敌——希腊人。无论这种交流如何复杂，希腊人都拥有一种从未属于罗马人的诗人气质。罗马人拥有组织、实用性和规模，但希腊人拥有菲狄亚斯（古希腊的雕刻家）和埃斯库罗斯（希腊的诗人及悲剧作家）。

根据我对这种文化对抗的心理治疗式解读，罗马之所以攻击一种先进的精神，即希腊想象，是为了证明他们自己的精神。罗马人席卷中亚地区，他们发现了什么？君士坦丁堡附近的一座希腊神庙。他们拆除了这座神庙，用它的原件修建了一个蓄水池。这个蓄水池巨大而实用。罗马人收集雨水，并利用旧希腊柱支撑蓄水池结构。为了强调新的特权，罗马人将柱头倒置，将它们浸入水中。

建筑在君士坦丁堡认可了一种新文化思想的兴起。旧思想被新思想取代。罗马人扭转了它的内容，贬低其原有意义。这种颠覆精神，这种"去除旧事物"模式的能量和残忍，才是我们想要创造的能力。

图拉真将浴室建在尼禄的宫殿之上

在（今天）俯瞰（尚未建成的）罗马竞技场的地方，尼禄（罗马皇帝，在位期间54—68年）建造了金宫。尼禄下台，图拉真（罗马皇帝，在位期间98—117年）上位，修建了浴室。图拉真的设计方案就是侮辱性地将新浴室建在尼禄的金宫之上。

你觉得这种"我的东西在你的东西上面"的设计有什么意图？

今天，你仍能看到这两种截然不同的空间概念的粗暴交叠。图拉真没有兴趣保护尼禄的身份地位。他的项目是两种政治权利源泉的交叠，一新，一旧，新超越旧。奇怪的是，图拉真无法彻底抹除他的前任。历史就是如此。我们能够暂时改变它的存在，却很难完全消除它。

忽必烈和马可波罗的对话

忽必烈：马可波罗，你回到西方的时候，会把那些讲给我听的故事讲给你的同胞听吗？

马可波罗：我讲了又讲，但听故事的人只是记住了那些他们期待的东西。

一个重要的学习原则是：你能将当今世界想象成一个与你所认识的世界不同的样子吗？世界可能变成另一番模样吗？

马可波罗和忽必烈的对话暗示了一种我们当中极少人实际拥有的能力。它是一种智力挑战：你能听进从未听过的东西吗？你能想象出从未见过的东西吗？或者，你只是听到了你自己的心声，只听到了你自己已经了解的版本，并学会了复述。我们的目的是能够打开你的头颅，倒进一些新鲜事物；我们的目的是寻找一种想象那些尚未认知的东西的能力。

在忽必烈和马可波罗的对话中，马可波罗对忽必烈的问话给出的答案是消极的。

马可波罗说，他可能会一遍又一遍地重复他在令人震惊的、前所未有的中国的历险，但他知道，他的威尼斯听众只会相信那些他们已经知道的东西。

马可波罗的回答和我们从教育角度看到的东西是对立的。我们能够学习期待我们不曾期待的东西吗？

膨胀的吴哥窟

传统告诉我们，建筑能够延续很长时间。建筑能够超越时间。真的吗？或者，建筑同时既坚固又脆弱？人们极难想象一栋随着时间而改变形式和意义的建筑。但建筑，如果能够存续下来，往往比其本身含有的文化意义延续得更加长久。这种事曾经发生在吴哥窟身上。穹顶坍塌了。墙体坍塌了。人类的意图，那种促使建立这座庞大建筑的文化精神，也消失了。

树木从屋顶长了出来。原建造者们可曾想到，有一天树木会从巨大的屋顶结构中长出来？他们是否会将这个延续了几百年、此时却未诞生的结构想象成一种评判吴哥窟遗失文化的历史声音？建筑在这里成为了很久之前就已经遗失的文化的一种空间承载物。这种事可能发生。而这也能影响我们的建筑。我们无法预知什么将永久延续，什么不会。

你对此感到怀疑吗？那就去特奥蒂瓦坎古城、圆形石林、吴哥窟以及古罗马城市广场走走吧。

建筑的耐久性具有两个优势：永远存在翻新建筑的动力以及新结构永远具有有限的生命周期。建筑属于时间，偶尔也会超越时间。我们将时间融入建筑。我们无法避免那种联系。

今天去上海或北京转转，看看发生了什么变化。然后去西安，看看埋在泥土中的兵马俑。

建筑的意义到底能够持续多久？建筑到底有多脆弱？

阿美利哥·韦斯普奇的15世纪世界地图

从最广义的概念看，绘图确定并重复确定我们对地球的认识。如果知道下一次版图重构即将到来，那么我们会认为地图有多可靠呢？

我收藏地图。令我着迷的是，对世界地理的认知以及国家定义在过去数千年里到底是如何变化的。我们通常认为地图上有关地理和地形的信息是不变的。但国家边界在变化，有时候变得很快，就像地形以及我们利用技术表现这种地形的能力一样。技术知识使得我们能够描述陆地和海洋的构成，但这种技术知识也在不断发展。我们始终如一地表现得似乎所有工具都唾手可得，最新信息已经录入，不断变化的地图时代已经结束。直到我们认识到，每个时代都拥有相同的想法。

心理上，我们希望确定我们在上面行走或飞行的陆地以及我们测量陆地的能力是不变的。但2011年的仙台地震使地轴偏离了10厘米，著名的且之前不存在的西北通道如今随着冰冠的持续融化而打开了。

人类需要规划一条路线或制定一条规范，以在残垣中前行。所以地图与我们的目标是不可分割的，同时也需要不断地修改。每张地图都是暂时的。绘图的必要性以及内在限制就是我们需要面对的主题。那么，如果使用一张我们明知只是暂时的地图呢？

奥本海默在阿拉莫戈多所做的事

这里的主题不是原子分裂方法的发现，也不是对与此相关的物质原子结构进行研究所具有的本能的兴趣。相反，抽象科学的应用目的才是这里讨论的主题。

原本的"什么是原子？"的问题可追溯至德谟克利特（公元前460年—公元前370年，古希腊唯物主义哲学家，原子论创始人之一，自然科学家和希腊人中第一个百科全书式的学者）。外表之下的一切是由什么构成的？但分裂原子研究的实际应用却属于东条英机和希特勒的时代。应用科学重塑我们对世界的认知能力展现在了广岛和长崎。这并非旨在贬低奥本海默团队进行深度思考的能力。相反，问题是为什么他们被要求思考原子科学的这种特定应用？他们的工作建立在什么样的人类前提下？有人可能同样委托奥本海默团队设计一个星球、一艘船、一个住房项目或一个可替代能源工程，他们同样也能付出努力，利用他们的智慧。

然而，内部逻辑性和系统性才是引发原子弹制造的思考过程，是否制作原子弹与奥本海默解决问题的逻辑是没有关系的。

带有目的、以科学为基础的解决方案往往建立在科学之外的前提下。1944年，这些知识人才集中在阿拉莫戈多设计原子弹的决定带有特别的人类目的。这种决定是有益还是有害的，与研究结果的成功无关。原子弹制造显然是一个会产生争论的任务，它所带来的结果也不能利用过去用以达成目标的相同知识工具进行衡量。在阿拉莫戈多利用应用原子能所做的事情也可能在别的地方完成，可能出于不同的原因而采用截然不同的形式。

我们曾使历史朝一个方向前进。

我们也可能让历史往另一个方向前进。

颠覆传统

现代洛杉矶的缩影：一座不断重塑自身及自我认知的城市。洛杉矶，和大多数大城市不同的是，尚未决定它的道路和论述。这座城市的未来隐身在未来。我们现在正在创造那种未来。

沿着密歇根大街前行，你会看到花岗石、混凝土和钢材。而在洛杉矶，你会看到棍子和抹灰。洛杉矶是一座生命短暂的城市。新建筑机会俯首皆是，旧建筑的预期寿命很短。洛杉矶是一座青春之城，一直在试验，没有（尚未有）任何长期规划和建筑信仰。洛杉矶建筑的建造使用不同于其他城市的时间表。到目前为止，耐用功能一直是与这座城市的规划概念背道而驰的。

城市设计的周期

从按年代编排的城市发展史中，我们发现了一系列的城市规划策略。

第一步：什么是城市？我们还不知道。这是发现阶段。城市源于想象的、不一致的、不可预测的偶然事件。增加或缩小能够扩张和分解城市。没有可靠的先决条件。我们将此称为"本能之城"。

第二步：可预测的规划机制慢慢地形成；规划模式逐渐起步，先例开始发展。我们开始了解我们想要解决的问题。我们能够预见什么问题？组织原型开始形成。这是拥有不断发展策略的城市：理智的城市。我们称之为"方法之城"。

第三步：这些问题在问题解决者的心中已经解决。我们现在知道我们的城市是什么样子。我们知道并了解了约束它的塑造和扩建的规则。我们清楚城市应该是什么样子。实践的持续性是首要关注点。先例已经被确认。有关概念内容的问题已无需提出。第一步的创造和第二步的模式形成能力已经从词典中消失，留下了一个可重复的规则系统。我们将此称为"冗余之城"。

"本能之城"是城市前身：在没有规划之前进行规划。它不是公式化的，不是系统化的，也不是方法化的。

它通过增建和试验来发展。它能够容忍错误，因为还没有一个正确的解决方案。

"方法之城"也是有用的。这是一个智慧的城市——对政策选择和组织机会及其后果进行战略性讨论，以实现这个城市。

"冗余之城"令人生厌。因为它跟生搬硬套的城市说"不"，不再给人类注入活力，所以"冗余之城"意味着学习的结束。

当然，可能还有不同的编年史：历史上，这三座城市是连续产生的，但在现代城市里，它们却通常并肩而立。

洛杉矶市政厅的西班牙后裔游行

这是洛杉矶正在萌芽的社会前景的一个迷人案例。洛杉矶的西班牙裔数量众多，而且还在不断增长，这不可避免地将影响洛杉矶的政治和组织结构，并最终影响其建筑。参与那次周六上午前往市政厅的抗议游行的西班牙裔挤满了10个街区的市中心街道——可能有30万游行者。

巨大的人口变化会带来什么结果？深刻的种族隔阂对洛杉矶建筑有何影响？20世纪60年代和90年代发生的洛杉矶暴乱发生在一个大部分呈现种族隔离状态的城市，是对人口膨胀后果的一种重要提醒。

坐在车里的我被那些游行者暂时围住了，无法移动。我能够感觉到那种紧张，也能感受到富人、穷人、黑人、白人和西班牙人混合的人口复杂性。富裕和热头作轿车、公交车和步行中猛然相撞。

未来城市的形式已经远远领先于我们。它是开放的，意味着存在很多替代性规划选择，能够重新引导城市中的种族分歧。那种未来形式总体而言还是一个问题。那种开放的未来，那种构想一个截然不同的洛杉矶的机会对学生的理解非常重要。这座城市尚未完成，没有建成，没有划区，没有组织，不被理解。这种城市形象重塑正在等待我们。

美西边界，《纽约时报》，《外交事务》

我的事务所应《纽约时报》的请求为重新设计美西边界制作一份概念方案。《外交事务》的编辑要求我们提出一种能够缓解目前的社会和政治紧张局势的边界策略。边界应该是什么样子呢？

建筑能够表达公共政治吗？

两国交界区的重新设计表现了什么政策问题？这个项目将一种景观设计概念与划分墨西哥和美国的政治问题挂钩。从一个更加广泛的角度看，这份提案是对这种政策问题能够成为建筑的合理主题的一种推测。

如何处理两种文化的综合体？除了可预测的墙体和篱笆外——国家边界安全是否具有一种形式语言？"边界墙"相对"开放边界"具有什么含义？什么是两个国家应该分享的以及什么应该保持距离？

解决方案包括修建一座3700米长的土坝和一条跨文化大道。大道修建在土坝上，位于边界之上。边界或者说土坝之下挖掘隧道。隧道墙壁上装饰着一系列西凯罗斯创作的壁画，车流就借由这个隧道穿越边界。土坝上安装了一些垂直玻璃管，构成了一座"玻璃森林"，阳光透过这些玻璃管进入边界下方的涵洞。玻璃管的排列与土坝上的边界步道平行。这就是融合了开放边界和文化交流的建筑，放弃了不安全的国家间关系的传统表现方式。

明尼阿波里斯市的桥梁坍塌

基础设施将整个国家的运营联系起来，那么一个被系统忽视的基础设施能告诉我们有关美国未来的什么目的和愿望呢？我们在这里生活。今天的美国如何？我们关注什么事物？我们目前的关注能够延续多长时间？

这些告诉了我们什么有关"我们是谁"的内容？我们如何定义城市在管理上的一致性？我们如何使城市互通？我们这样做了吗？我们对美国城市生活的未来有何预测？这种预测与西欧或东亚的预测相比如何？

头条：洛杉矶海底地铁将于2032年竣工

洛杉矶市市长宣布，威尔郡大道地铁规划于2032年竣工。这意味着，实际上并没有修建地铁的严肃承诺。矛盾的是，一些建筑师在过去约20年的时间里规划项目时，都将洛杉矶确认为试验性建筑的重要地点。这种确认能力反而证实了洛杉矶缺乏做出综合性和想象性长期规划决定的能力。这座意外的多城市之城——比弗利山庄、卡尔弗城、圣塔莫尼卡、伯班克和西好莱坞——具有自由的本能，是宽容和粗心的结合体，为创造独特的建筑提供了可能。建筑需要一种个人优势以及一种付诸实践的意志。城市的环境，这个城市的环境，不同于别的城市，不会影响你的建筑。有关这种意外景观的想象会突然冒出来。但是规划这座多城之城，集体承认一座超级城市的组织可能性，即威尔郡火车，既需要一种应用政治机制，也要具备一种能力，以观看和规划具备城市规模的我们尚未看过、尚未规划的东西。洛杉矶最多是一座正在塑造的城市，由一座座建筑逐渐塑造的城市。所以洛杉矶具有一种已经展现出来的能力，它利用一栋栋的建筑定义自身，却几乎没有能力利用超建筑概念构建未来。

中国黄河、美国路易斯安那州密西西比三角洲、瑞士圣哥达基线隧道、韩国汉江和洛东江

建筑的规模在不断变化。这里有一些例子表现了这种创造新环境、社会、政治和经济景观正在发展的能力。这种讨论更加复杂。支持者也更加广泛。而展望不再受限于单一的建筑。相反，基础设施的大构件与大型建筑群结合起来具有重新定义城市的功能以及国家内容的潜力。

建筑能做到这件事。

今天能做到。

中国北部历来缺水。缺水的人口不断增长。如何应对这种增长？南水北调。他们就是这样做的：一种意志行为，一种有意行为。

建筑能让世界变得不同。

认识这个"我们应该做吗？"的元素。"我们应该做吗"不是"让我们无止无尽的讨论"的代称。这种"无止尽的讨论"在美国经常转变成"我们绝对不会做"。

回想下卡特里娜飓风。密西西比河和墨西哥湾连接处的环境破坏可以恢复。改变河流的位置，重新规划三角洲。延长新奥尔良的可行性生活。这才是这个项目提议的东西。

这是一个地区性项目，将重塑地形、水体、湿地、土地和建筑的相关组织。

这些项目将会实施。

这些项目是可信的。

我们的工作就是引导这种言论。

奇异的并非幻想。

圣哥达基线隧道长57千米,穿过瑞士阿尔卑斯山,是世界最长的建成隧道,也是设计和工程学的一个壮举,为穿越阿尔卑斯山地区这个两千多年来的障碍提供了便利。

韩国有两条大河:汉江和洛东江。它们发源于山区,流向大海,两条河流之间隔着一片广袤的、大部分属于荒野的陆地。一位总统竞选人提出将这两条河流连接起来,以作为其创建新韩国规划的一部分。规划的目的是为了方便人们从日本坐船经由韩国前往中国然后再回到日本。这是一个全新的线型、以河流为基础的城市,一条商业路线,一条新休闲路线。这个提案将改变韩国与邻国的关系。项目前景是美好的。当然,它在环境保护论者、政客等人的眼中是具有争议性的,但它的大胆也颇具吸引力,而这种深度思考改变山区环境、认识改变它的潜力和能力的意愿才是重点。

岩石如建筑,建筑如岩石

一栋建筑可能采用何种形式、会受到什么样的概念限制?建筑的外观应该如何?传统主义者说,"应该有墙、地面、窗户、门、天花和屋顶"。也就是说,建筑是由一套可预测的构件构成的,我们可将这些视为优先考虑的构件。这些构件拥有历史——先例。新建筑应该确认旧历史吗?如果你不承认这些传统建筑构件的词典定义,那么问题就变成了"什么是墙、地面、床、门、天花和屋顶"。当构件定义不确定的时候,我们如何组织这些构件?

这是对现代建筑的一种质疑。

蒙德里安的《百老汇爵士乐》

蒙德里安的《百老汇爵士乐》:现代艺术是一种信仰系统。

蒙德里安之所以创作这幅作品是因为"简单即本质"。如果外表之下的真实和现实才是简单的、有序的和合理的,那么我们应该移除所有表面物质,揭露简单的潜在本质。换句话说,我们所看到的(理解的)不是我们看到的(观察到的)。我们必须看到隐藏在我们所看到的物体之下的东西。蒙德里安利用红色、蓝色、黄色、黑色、白色和灰色以及直线和直角进行概念陈述。但将颜料涂到画布上所产生的结果却不能像绘画细节那样突出理论精华。

假设我是艺术历史老师,我在主持一场班级辩论:"告诉我,同学们,《百老汇爵士乐》传达了什么样的概念信息?"然后你用传统的、排演过的解释回答我,"原色和直角",然后就完事了,是吗?仔细看一下实际绘画细节。如果我们仔细观察,会发现直线并不直。有些直线是用胶带做的,而胶带悬挂在画上。颜色并不光滑,也不均匀。相反,根据对脸进行仔细的审视,我们会发现一张凹凸不平、形状不规则的油彩脸,颜色在褪变,而且是均匀地褪变,直角从来不是精准的直角。重要的是要看到这幅画的实际真相,它带着飘飞的胶带。它不是原始的、纯净的、笔直的、有序的、线型的或一致的。

绘画的实际精华并没有验证其暗含的思想。我们为什么要认可一种并未具体化的美学理论？

杂志封面：2009年《家居杂志》和1953年《美丽家居》

《美丽家居》杂志的这篇文章曾经广为人知。它评述了编辑们所看到的现代建筑的威胁。编辑们说，在1953年，传统主义者的乡间宅邸是一种美国理想。60年后，那种理想已经消失了，以前的现代主义敌人已经在《家居杂志》封面上变成了一位朋友。

曾经令人害怕的东西（"独裁"现代主义的来临）变成了一位低声下气的朋友（《美丽家居》现代主义是新建筑标准）。《美丽家居》的这篇文章里，解释了杂志所有者赫斯特集团在中世纪的一种担心，即现代建筑传统对美国建筑住房的方式构成了威胁。它得出了自己的逻辑政治结论——现代建筑对赫斯特集团本身也是一种威胁。根据《美丽家居》的社论观点，现代建筑源于欧洲和左派风格，从政治和风格角度看都与美国本土乡村风格相敌对。现代建筑是敌对信条。

挑起争论的建筑会带来敌人。争论性内容本身表现了对世界现有条件的不满，暗示了进行改变的必要性，威胁到了现状。《美丽家居》说出了20世纪50年代人们有关美国建筑现状的心声。

今天，在格尔森的检验台前，曾经备受争议的对手变成了今天的乡间宅邸。现代主义在失去了左端分子的政治附庸后，变成了今天的流行风格，受到头脑清醒之人的欢迎。

但《家居杂志》的封面文章实际上是对现代主义潜能消失的一种思考。那种恐惧已经消失。争议性作品产生了敌人。如今，修建一栋现代建筑已是一种完全不同的议题。在1953年，现代建筑从美学角度看是与传统对立的，它试图成为一个描述一种新世界观的新词汇。在今天的《家居杂志》中，现代不再现代。

在过去一百年里的建筑对话中，建筑一直是一个惯性剽窃者，占用从众多前卫场所吸收的内容，并融入建筑本身。其目的永远是为了将建筑与其他领域的进步思想联系起来，暗示前卫思想具有传染性。建筑在过去一百年里一直贴着外国的标签，这本身就是一种证实自己的试验能力的努力。

胡安·格里斯和勒·柯布西耶

建筑学变成了立体主义。立体主义艺术是"立体派"建筑的起源。看看它们的形式语言。它们实际上是相同的。激进派艺术是激进派建筑的经过及认证的起源。

建筑学是立体主义。

20世纪20年代福特汽车装配线和包豪斯建筑学派

福特汽车装配线首次应用于20世纪20年代至30年代初。包豪斯设计学院院长汉内斯·梅耶尔告诉人们，"如今，工业领域以流水线形式生产汽车，让我们也用这种方式建造房屋。"勒·柯布西耶表示赞同。建筑前卫派们认为，汽车生产的流水线作业应复制到房屋的建造中。

成功的工业技术应为新建筑施工和新建筑形式语言树立榜样。装配线上完成的机械产品成为了包豪斯建筑的词汇。

80年后的今天，那种机械形象的主张已成为了一种特别的设计词汇，与建筑行业的发展愿景相关。以此类推，管道、沟槽、操作建筑设备的机器以及支撑建筑结构的柱梁，变成了一种技术要求的表达。住房是类似的工业设备。因为工具在改进，所以形象也在变化，但将新建筑与技术能力表达联系起来的操作原则却保持不变。将技术形象应用在建筑上，是将建筑与技术创造性的含义联系起来的一种尝试。

装配线改变了制造世界。它对汽车而言非常有用，那么，怎么不会对建筑有用呢？

建筑学是工业。

人类的新陈代谢图和1972年丹下健三的东京湾规划

东京湾规划是丹下健三创作的将东京城扩建至东京湾的规划。它是另一个展现了建筑学努力将新建筑与一种高度系统化的实验科学联系起来的范例，这里的实验科学指生理学——人类的新陈代谢。20世纪六七十年代，一个重要的日本建筑师团队——由菊竹、丹下、黑川和其他人构成——创建了"新陈代谢学派"，他们对建筑和城市形式的解读基于医学、生物和生理学的创新观点。他们赋予各种身体功能名称，并通过类比的方式对组织城市和修建建筑的过程进行解释。这是另一个范例，表现了要将科学或艺术领域的想象发现与创新建筑联系起来，就需要持续不断地建立建筑学系统对话。

建筑学是心理学。

保罗·德·曼的《散文集》和彼得·艾森曼的俄亥俄州哥伦布城卫克斯那艺术中心

作者保罗·德·曼的个人生涯颇为曲折。第二次世界大战期间，他曾在被占领的比利时为纳粹党工作，为一份被称为《晚报》的右翼派法语报纸撰写文章。他有妻有子，却显然在辗转中将他们抛弃在了什么地方。他最终去了耶鲁大学任教。德·曼被称为术语"解构"的发明者。"解构"是一种文学运动的名称，它旨在对书写文字提出多种不同的解释，而不是一种解释。

比如，梅尔维尔写了长篇小说《白鲸》。但对德·曼而言，这篇小说不只拥有一种解读。相反，有很多版本的《白鲸》，不同的读者定会读到不同的版本，甚至同一位读者在不同时间读到的版本也不一样。对德·曼来说，《白鲸》是多重版本的。

那些不赞同这种概念的人们对解构假说提出了一种含蓄的批判意见，那就是，德·曼发明了一种求知工具，以之来抹除他自己的个人经历。这种辩论称，德·曼把自己的经历（以及我们的）拆解成一系列的无限选择或解读，而不是基于经验和证据的对其人生的唯一解读。各种（且假定无罪的）解释貌似有理，无论这种解释是否说明了解构的核心含义（我相信它不足），建筑学仍会做出可预测的努力，使其内容与其他晦涩论述，即复杂的文学概念论述，相一致。

无论是立体主义，还是新陈代谢主义，亦或福特汽车装配线，其本质上都不属于建筑。同样，建筑师彼得·艾森曼也不是。彼特设计了俄亥俄州哥伦布城卫克斯那艺术中心，一座典型的解构建筑。

建筑学是解构。

《黑客帝国》和杰森·佩恩的大楼

今天，新建筑被贴上了数字编码的标签——这是另一种将建筑与一种新兴猜测性探索联系起来的努力。电影《黑客帝国》展现了新数字动画工具在电影制作中的应用。加州大学洛杉矶分校建筑师杰森·佩恩受委托设计的大楼就被要求采用这种数字词典，既是因为设计过程中采用了多种软件工具，也因为建筑形式中显而易见地应用了这些数字工具。由此可看出，建筑学是数字的。

在过去一百年的对话中，建筑学的意义从未体现在自我辨证的内在过程中。相反，建筑学将自身与其他试验性话题相关联，从而让内容具有了概念性意义。在这种对话中，最终意义并不是建筑学固有的，尽管评论家们极少承认这点。

建筑学是被贴上了标签的艺术；建筑学是工业；建筑学是新陈代谢主义；建筑学是文学评论；建筑学是数字编码。

在一百年中，建筑学利用这些关系验证其内容，证明其形式语言。

维克多·斯约斯特洛姆执导的《风》

《风》是瑞典导演维克多·斯约斯特洛姆于1928年执导的一部默片。给予风一种比喻形式的能力才是这部电影最吸引眼球的地方。什么是风？如何表现风的实际和精神特征？

斯约斯特洛姆的一种想象性行为是找到一个实际比喻，来表现风的透明效果。

如何将形式赋予无形的目标呢？

这与建筑学的任务不同。建筑学至多是想象一种空间效果，通过建筑表达一种原因。根据电影里的印度传说，风现身的时候，就会变成在天空中奔跑的一匹骏马。因为没有声音（只有字幕），电影将我们的视觉注意力完全吸引到了穿云破雾的骏马身上。

风是天空中一种/一匹无法超越的力量/骏马。

让我们建造这匹天马。

查理·卓别林：机器的齿轮

这是查理·卓别林对人们在传统上认为"机器拥有超凡技术"这种行为的取笑。建筑师自然是机器的帮手。电影批判了几乎备受推崇的技术，还批判了建筑师们最喜欢的东西——这些技术工具的形象。就像在阿拉莫戈多一样，问题是："谁管理机器规范？什么是人类形式？"否则，正在滚动、打磨和建造我们生活的机器的强大能力和规模将只能用它本身的技术逻辑进行约束。用比喻来说，我们制造机器，然后机器制造我们。卓别林对此提出了反对意见。

我希望机器接受质问、检查和评估。"跳到齿轮上，"他说，"让它慢下来，打断它，让它停下来，这样我们可以对它进行检查。"它是机器，没错，所以宁愿不用，也不能让机器自行做决定。

詹姆斯·斯特林的斯图加特州立绘画馆以及勒·柯布西耶的哈佛大学卡朋特视觉艺术中心

这两个项目均将公共空间的功能性目标与私人建筑的目标联系起来。两者均体现了私人项目构件与公共步行通道概念的融合。斯特林和勒·柯布西耶向我们展示了如何将通常相互冲突的功能结合起来。两者都是小规模项目，展示了单一建筑与公共通道之间的一种更大规模的战略关系。公共通道在传统上一般都会绕过建筑的内部运营空间。

卡朋特艺术中心位于哈佛大学校区，由勒·柯布西耶设计。它包括教室和展示艺术、雕塑和平面设计的画廊。设计的重心是一条露天坡道。坡道引导公共步行者穿过建筑，将建筑两边的平行街道连接起来。想象学生们从物理教室前往英语教室，他们可以避开习惯路线，选择捷径，直接前往这条坡道，穿过艺术中心，一边浏览展示的众多艺术品，一边走下坡道，前往教室。这座建筑将艺术展示给了那些不是为了艺术而来、而是为了寻找捷径的观众。因此，艺术成了一条公共步行路线的不可分割的一部分。勒·柯布西耶所做的是，构想一条街道。这条街道包括一个通常只有那些特意前来访问的人们才能使用的建筑内部空间。

斯特林的斯图加特州立绘画馆采用了类似的组织方法。斯特林非常了解卡朋特艺术中心，复制了它的城市信息。人们从山顶的公寓出发，横穿街道，步行上山，穿过四周环绕着画廊艺术品的博物馆庭院，到达山脚。最后前往公交车站，乘车离开。同样，斯特林在这里也规划了一条位于一个居民区和一个公交车站之间的步行路线。如今，这条路线为人们在前往公交车站的路上出乎意料的欣赏艺术品提供了便利。

巴西和阿根廷

足球比赛很有趣。为什么？

因为这种比赛出于本能，充满想象和意外，体现了意志。在足球比赛中，实际训练和实际比赛之间永远存在差距。

训练不能复制比赛本身。因此，我们能学会预测我们无法预测的东西吗？这在建筑学中是一个概念性问题。

学习涉及训练，训练涉及重复我们被教过和学习过的概念模式。然后，比赛开始，为了获得特别的成功，本能取代了习得的反应。

建筑学不能根据先验规则系统来建造。如同建筑学，每个参与者都会在足球场上发挥他的全部技能。建筑学是独立的，是一种异常行为。这种惯例的偏离有时候能够获得前所未有的成果。

建筑学是足球运动。

安伯托·艾柯《福柯摆》的外壳

今天，和人类历史之前的任何时期不同的是，有关每种文化前例，有关观察、思考、理解和建造的所有文明方式的信息都能详细地呈现在我们眼前。当有大量文化优势可利用时，我们遇到一个与过去截然不同的问题，因为在过去，文化是离散的，彼此相距甚远，居民一般乐于接受单一的本土信仰系统。

大量的文化和信仰选择展现在你面前，那么哪个更好？选择哪个？如何选择？忽略哪个？为什么？当文化内容与建筑内容相关联时，建筑面临一个巨大的难题。对于国际建筑，何种文化背景最适用呢？

这种文化融合正是安伯托·艾柯的主题。每种愿景都是一种愿景，却没有明确的批判性知识工具帮助你做出选择。这意味着，现代建筑有可能处于一个无法解读的文化混乱环境。将建筑与艺术、技术、医疗科学、文学评论和数字工具联系起来的最新努力就是例子。从学术角度上看，我们无处不在，没有固定在某个领域。

"世界的主宰"应该拥有发言权，或圣日耳曼伯爵应做出评论？"巍峨的金字塔"纪念碑应扮演一种角色，或蔷薇十字会员应该制定一个计划？圣殿骑士团和伏都教应该扮演什么角色？贫乏的假想、理论、秘密、方法和问题同时存在于不同的时间和地球的不同地方。

如何对它们进行整理？艾柯提问，我们可以将各种数据输入神秘的犹太人电脑（福柯的幽默剧中，人类越来越依赖万能的电脑对内容做出判断和评价），让电脑将优先权授予那些原本将运行的优先权给予电脑的人们：

"我会告诉你你是谁，这样你就能根据我告诉你的来告诉我我是谁。"

唐·吉诃德和风车

对建筑学学生来说，讲述唐·吉诃德著名的风车之战是一个有关"自信"的比喻。这是一个忽视大多数人的意见、坚信自己正确的例子。

你们可曾想过这样的可能性：所有人都误解了风车和魔鬼，只有唐·吉诃德理解对了？是的，他们是巨人，不是风车。无论你如何理解这种解释，我感兴趣的是，在学生身上创造一种独立的、诗意的自我满足。因此，学生可能看着他们的世界对我说，"那是你所看到的，但实际上并非如此。这才是真正存在的东西。"每个学生的独立系数是与学生对一致达成的结论的相信度对立的。

卢西恩·弗洛伊德的《自画像》

英国画家卢西恩·弗洛伊德坚信，每个真正的艺术品都是一幅自画像。弗洛伊德认为人类能够掌握的唯一物体便是自传。在弗洛伊德看来，只有真正的自传才是真正的艺术。

根据弗洛伊德的假设，建筑学是一种必然的结果吗？建筑学方面的新观点（如同在艺术领域）可能源于个人观点，而不是更加容易获得的一般概念。

建筑学是个人的，一位建筑师一次只能设计一栋建筑。

革命是如何结束的

从前，有一个建筑师逆徒。

他的名字叫_____。

有人称他难以管教。

同龄人说他不成熟。

还有人说他是一个愤青，一个危险的不合时宜之人。

不合时宜的人认为，世界不应是现在的模样，建筑学可能创造了它现在的样子。

他声称，每座新建筑都应是之前所有建筑的一种批判。

这位反叛的建筑师对竖立设计范例没有兴趣。

他从没想过传授自己的经验。

他从未寻求公众的认可。

他从未为受众而建。

然后，几乎不可察觉的，发生了一件令人惊讶的事。

不合时宜之人变成了一个新的行为模范。

曾经回避他的作品的群体如今变得喜欢他。

这个最不合时宜之人荣获了很多奖章。

评论家说我们都应认变成反叛者，并告诉我们如何叛变。

想要变成一位危险的建筑师吗，年轻人？

只要根据以下步骤……

没有人认识到，反叛者的精华是个人的，

没有人认识到，反叛者的精华是不可转移的，

所以叛变成了建筑学中获得认可的形式。

不合时宜的建筑师变成了一种品牌。

反叛者的家被称为"盒子之外"。

但没人注意到，在原盒子外面的外面还有一个盒子。

所以令人震惊的是（也许一点儿也不令人惊讶），一位不合时宜之人和一位反叛者在一片被称为大众文化的土地上变成了英雄。

但事实上，反叛的形象仍然是一种虚假的主张。

曾经的不合时宜之人如今变成了同龄人和伙伴中一个快乐、令人安心的组成部分。

危险过去了。

偶像破坏者变成了偶像。

这位偶像如今宣称他已经长大，那种反叛已经结束。

再一次，从前，有一个建筑师逆徒。

他的名字叫_____。

PROJECTS
作品精选

莫根施特恩仓库

该区具有内向性、保护性和防御性的特点，这是应对一个少数民族聚居区在营业时间之外的犯罪问题的一种方法，也是商人们保护商品且在墙体和钢护栏后生活的一种可预测策略。该项目的一个主要设计目的是，仓库应在形式上反映这种具有安全顾虑的环境，同时表现一定的对城市和街道的向往。

围墙和两面剪力墙由混凝土砌块砌筑。整个建筑采用两种饰面：保持原样，带刮缝；或刷涂料，平缝。第一种是为了表现材料的特性，第二种则是为了质疑第一种饰面。

四根预制混凝土污水管被用作标识，就像超大的街道护柱，这种设计有意地与试图将布局与实用性联系起来的做法相矛盾。这些圆柱体看起来是污水管，却只发挥了极少的管道功能。设计师们曾经考虑过将热水器放在柱子里，但由于污水管需要接入理发店，只能作罢。

屋顶的轮廓暗示了不同的功能：矮屋顶——入口；斜屋顶——办公室；高屋顶——仓库。这些决定体现了一种折中思想，那就是让建筑拥有尽可能少的遮蔽空间和尽可能多的内部弹性空间，因为办公区的室内高度是有规定的，所以排除了仓储功能。

颜色有目的地扮演着一种重要的角色。理性的分析，这种设计的目的既不是为了加入"元色家族"，也不是为了进入"粉笔学派"。不同颜色区分了四个租赁单元，并在正立面将办公区与仓库划分开来。颜色拆解了几个圆柱体的形状，使得人们更难将它们视为简单的物体。

屋顶平面像是一幅地图，这是一种确定其他机械设备（供暖通风孔、供暖空调单元）位置的方法。屋顶的颜色也延续了立面的颜色，创造了连续的平面飘带效果。有趣的是，屋顶平面试图吸引那些占用俯瞰仓库的办公楼的人们的注意。附近西方大厦的工人们将这个屋顶称为"意大利棋盘"。

项目地点 / 美国加利福尼亚州洛杉矶
客户 / 亚瑟·莫根施特恩
面积 / 1394平方米
竣工时间 / 1978

鸟瞰图

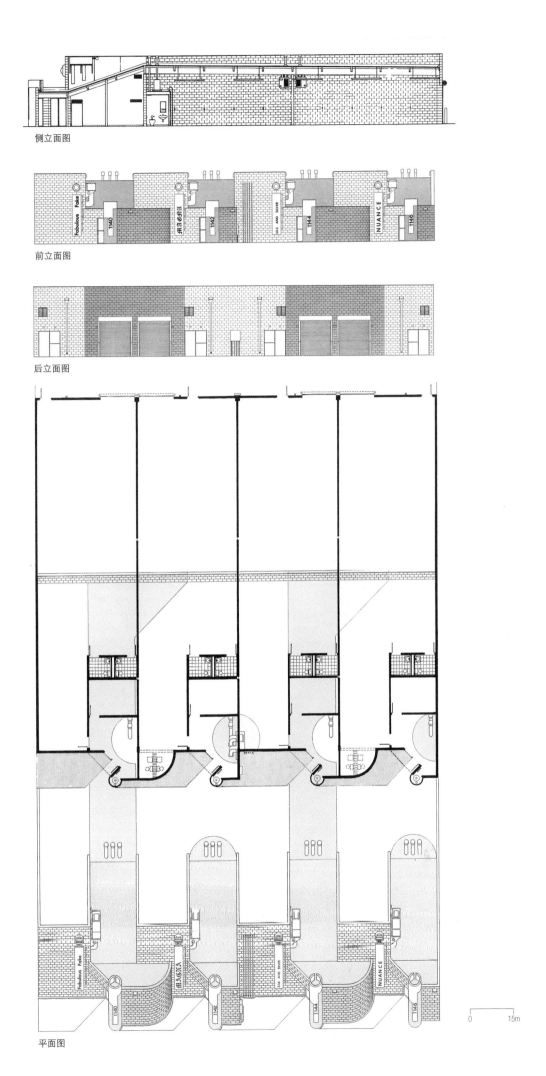

侧立面图

前立面图

后立面图

平面图

0　15m

莫根施特恩仓库

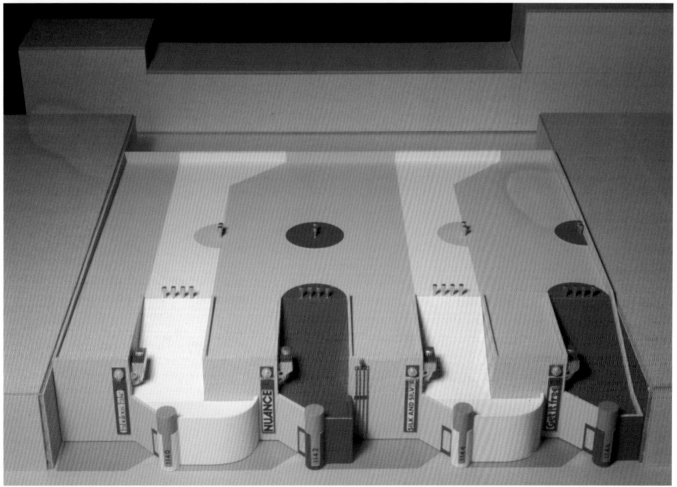

花瓣大厦

花瓣大厦始建于20世纪50年代，一层楼，带一个独立车库，就在西洛杉矶圣塔莫尼卡高速公路北面。该项目对建筑师们来说是一个特别的机会，可以在与客户交流的过程中，询问有关建筑概念的一些基本问题及其对客户生活的意义。

我们一起考虑是否同时采用原平房设计并表现一种截然不同的建筑前景。我们一起询问——因为我们真的不确定——什么是屋顶，什么是门、墙和窗？我们一起思考是否能够利用邻近高速公路的条件，并最终修建一个屋顶平台兼健身房，客户在那可以选择性的欣赏或避开那条交通堵塞的大道。我们一起思考在家工作的可能性——那时候显然不是一种工作选择——并在车库顶上修建一个小办公室/工作室。

该项目的每个房间、每面墙、每个空间、每个表面，都变成了一个探索形状、光线、材料和施工技术的机会，因此，我们开始不再将房屋视为一种确定的设计结论，反而更多地将它视为我们考虑过和探索过的一系列概念性方案。

调查研究深入到了建筑细节：将旧屋顶与上部新楼层连接起来的胶合板和木龙骨被露了出来；扶手使用绳索制作；一根承担旋转和垂直载荷的重要柱子以钢筋和木材制作，解决了结构受力的问题。

花瓣大楼表现了设计、使用和建造过程中发现的喜悦，将客户和建筑师之间的交流过程想象成开放和持续的。如果该建筑能够保护这种遗产，它必将获得永久的成功。

项目地点 / 美国加利福尼亚州西洛杉矶
客户 / 私人
面积 / 195平方米
竣工时间 / 1982

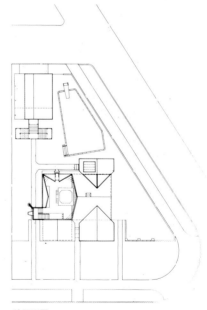

总平面图

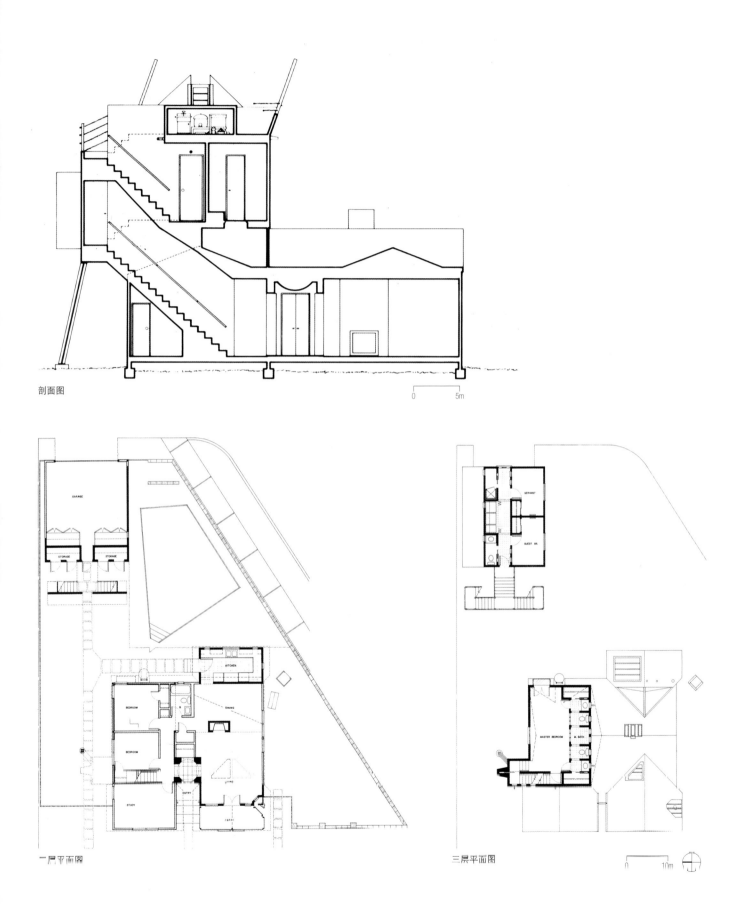

剖面图

0   5m

一层平面图

三层平面图

0   10m

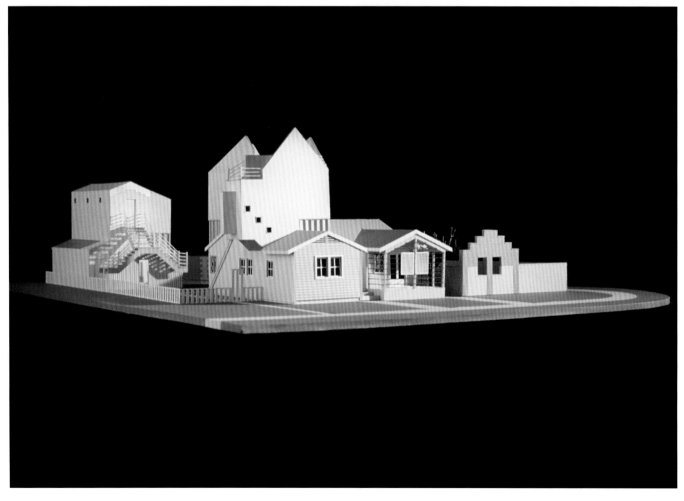

加州大学欧文分校中央住房办公楼

中央住房办公楼建在一个稍微倾斜的现场上，正对加州大学欧文分校的主校区入口。该建筑正面有一条学生步道。步道将校区的东部住宿区与西面的行政楼连接起来，比地面高出约4.6米，所以现场西面的大学行政和学术中心可俯瞰该建筑。

中央住房办公楼负责管理校区宿舍和公寓。该建筑由四个部门构成。大厅、收银台、会议室和一个拥有25个车位的停车场共同构成了整个规划区。

该建筑南北朝向，西北角正对主要车辆入口。使用者一般为沿坡道进入的步行者。坡道将东西向校区步道与一栋位于中心的建筑大厅连接起来。

中央住房办公楼共有25名员工，这些员工帮助教员、学生和管理者解决住房问题。除此之外，办公楼还提供了两种工作空间：住房员工与公众会面的开放性工作间以及行政办公空间。

项目的内部组织反映了这两种办公空间的类型。该建筑是由两个人字形屋顶与内部相应的单一平面长方形空间构成的。每个结构都包括建筑中下述两个规划/空间构件中的一个：公共开/放办公区，封闭/独立办公空间。每个工作空间都可视为一个或另一个结构类型的一部分。建筑大厅可从两个方向进入，是五个开放办公区构件的一部分，而五个办公空间各自拥有一个大屋顶天窗。开放办公区的重要部分是住房支持服务中心，同样以东面墙体上的一个主要天窗作为标识。

从南北纵剖面看，建筑地面接近倾斜的现场轮廓，而纵向剖面则有所变化，因为内部功能呈现出公开空间和独立空间相间的交替性变化。不同楼层通过坡道连接。所有空间从平面看都是由直线构成的。这创造了从平面看组织简单，但从剖面看多样化、个性化和反机构的内部空间。

项目地点 / 美国加利福尼亚州欧文
客户 / 加利福尼亚大学
面积 / 930平方米
竣工时间 / 1989

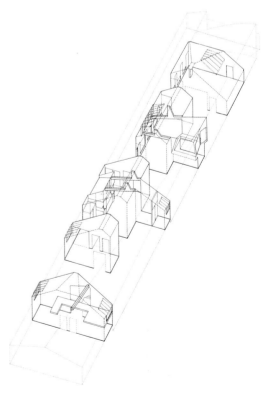

轴测图

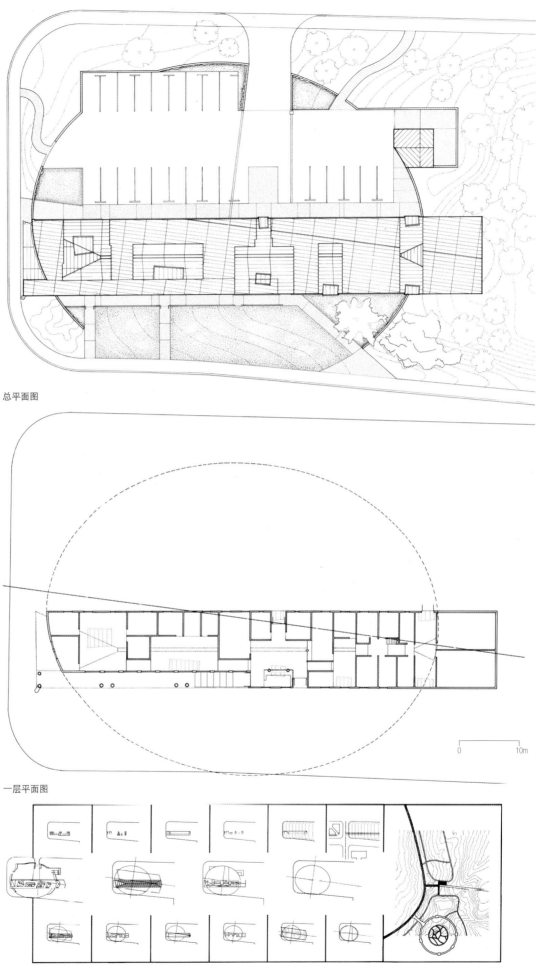

总平面图

一层平面图

总平面图设计过程图

劳森–韦斯顿别墅

劳森–韦斯顿别墅位于洛杉矶西部一个面积达1340平方米的郊区地块上。该别墅坐落在现场的北部，南部和西面是一个L型花园。客户提出了一个极其特别的建筑构想——对日常生活以及将大量艺术收藏品与实际问题解决办法结合起来进行了细致的思考。

厨房作为娱乐和聚会空间，是家庭社交生活的中心。该建筑采用圆柱形结构，其中一楼、二楼和三楼的开放结构分别构建了不同的生活空间。

二楼步道和天桥将相邻圆柱体西面的成人寝区与东面的儿童寝区连接起来。天桥架穿过客厅三层楼高的位置，然后穿过圆柱体结构的二楼通向成人卧房和浴室。在圆柱体结构内，天桥与一部楼梯衔接，楼梯随着圆柱体墙面蜿蜒而上，悬空于厨房和生活区，且旋转上升至位于圆柱体顶部的三楼书房。沿着另一部弧形楼梯上到顶部则是一个小型室外露台。

建筑的正面墙体是混凝土。外墙的其他部分则采用水泥抹灰，利用湿抹子形成非常光滑的面层。

建筑探索了不同的窗户类型，并在花园旁边的南立面上将这些不同类型表现在一个组合窗户中——一个唯一的、由众多片状结构构成的大窗。这个窗户展现了其他外部墙体上各不相同的所有窗户类型。

从几何结构看，圆柱体的圆锥形屋顶的中心与圆柱体的中心并不相同。这就解释了为什么圆锥形屋顶和圆柱体的交叠部分是一条起伏的线条，而如果两者的中心一致，交叠的水平线则会将两部分分离开来。然而，圆锥体的顶端被推平，设计师也因此在四楼创造了一个小型观海露台。这样一来，从理论上看，圆柱体屋顶的圆锥体上就从北到南画了一条竖向粗线，形成了一条抛物线或者说弧线。将这条理论弧形视为一个模板，弧形从圆锥体上的粗线条向东延伸至建筑的临街面，表现了封闭建筑剩余部分的拱形屋顶。唯一支撑屋顶的胶合叠层钢肋跨越了整个入口大门——支撑拱形的一系列门之一——标示了圆锥形屋顶上的整条自东向西的抛物线。

项目地点 / 美国加利福尼亚州洛杉矶
客户 / 私人
面积 / 474平方米
竣工时间 / 1993

模型

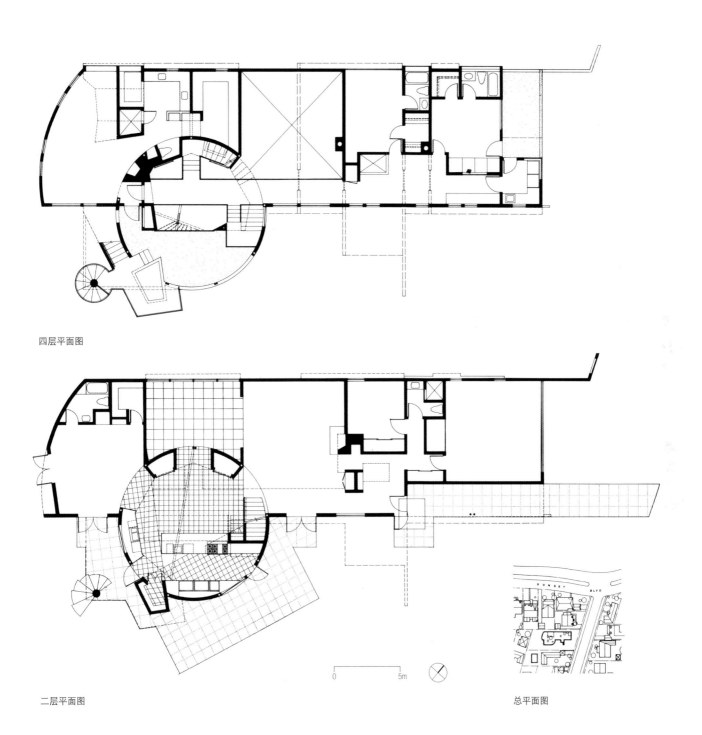

四层平面图

二层平面图

0　　　　　5m

总平面图

51

翼龙大厦

翼龙大楼由一座办公楼和车库构成,位于卡尔弗城一个空置的现场上,对面是隐形大楼,周围是一群新建或改建的建筑。从建筑面积看,停车场非常大——800个车位,而办公楼则较小——1486平方米。但是从西面——面对停车场的主立面——看过去,设计师特意强调了办公楼的存在,减少了停车场的可见性。

停车场有四层楼高,采用开放性钢框架,以喷涂防火板包覆结构钢。入口立面表现了汽车的移动系统,同时将入口和出口坡道堆叠在西面的车库正面。汽车入口位于该立面的视觉中心,置于两条坡道的中间。

两层楼的办公空间从车库的四楼起建。一层办公空间共用了四楼停车平台。办公楼的中心部分是一个三层楼高的空间,逐级向下跨越二楼和三楼停车场,附建在停车结构的前立面上,并悬架在一楼上方的汽车出入口区的上空。

办公楼是由九个架高长方形盒构成的。这些盒子位于车库屋顶一层楼之上,彼此堆叠或相邻,由钢柱网格支撑的,而网格从停车结构的四楼屋顶向上延伸了两层楼。二楼的一个内部天桥从北至南将这些盒子连接了起来。每个盒子的北立面都安装玻璃,且玻璃与入口立面垂直。

四层楼的停车结构是简单而廉价的建筑——钢框架、金属平台、规则的架间以及项目公共西立面两端的出入口坡道。结构钢所需的防火材料被用作面层材料,并精确地安装在钢框架上,而不是钢梁之间的金属平台上。

拥有800个车位的停车场结构是屋顶办公楼的概念性墩座墙。该区的建筑都是三层楼高或更矮,所以屋顶上的办公楼提供了从市中心看向圣塔莫尼卡山脉、洛杉矶西部和太平洋的整座城市的壮观景观。

从平面看,主办公楼层是长方形的,由玻璃幕围合。玻璃幕竖向延伸,连接由主楼层上方的一层楼支撑的架高盒子,而盒子的第二层则设计成一个有时候可对下方楼层开放的夹层。主楼层采用完全开放的平面,而夹层则被划分成项目要求的封闭空间。

项目地点 / 美国加利福尼亚州卡尔弗城
客户 / 塞米陶建筑公司
面积 / 1486平方米
竣工时间 / 2015

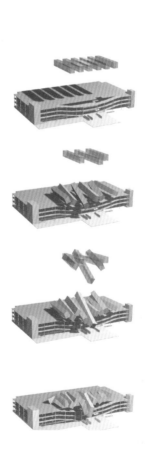

结构分析图

玻璃装配

金属板

夹层平面图

二层平面图

0   10m

绿伞大厦

绿伞大楼位于隐形大楼的正后方，是探索复杂的复合曲线设计并追求极致材料技术的系列项目中的第一个尝试。

位于卡尔弗城的这两个建于20世纪40年代的相邻仓库被重新设计成一个被称为"绿伞"的试验性系列演出的表演和录播地点。"绿伞"是洛杉矶交响乐团长期经营的一个新音乐节目。该交响乐团最终决定留在洛杉矶市中心，因此，这个乐队的演奏处被改建成一家平面和网络媒体设计公司所用的包括办公室、制作室和后期制作设施的空间。室外表演场地，即屋顶的"伞结构"，原来被设计成可容纳30名参演音乐家，在另一栋建筑中得到了保留。

原建筑的块状结构大体未做改变，一栋建筑带有锯齿状天窗采光屋顶，另一栋则采用弓弦支撑的屋顶。内部空间包括一个大厅、四个侧厅、两个会议中心、多个大型开放工作区和20个独立办公室，大部分空间位于新建的二楼上。

主要概念目标是一个露天剧场——原定的交响乐演奏场所。剧场放在原弓弦建筑的西北角，悬空在入口坡道和通往大厅的步道上方。"伞状"结构是一个表演舞台，舞台的斜面由两个原桁架的弧形顶弦构成，而桁架原本支撑弓弦式屋顶，在角落拆除时被回收，如今在倒置后用以构成碗状座位区的轮廓。

通过增加钢构件，这些桁架悬挑在入口步道上方，以支撑悬空的座位区。一根弧形钢管标记了弓弦结构的现有屋顶边缘以及新"伞状"结构的周边。这个钢管突出物的两个悬空端，一个从北立面探出，一个从西立面探出，均由新钢桁架支撑。钢桁架带一个弧形底座，而底座由倒置的回收木弓弦构成了弧形的雏形。阶梯状座位区沿碗状结构逐级向下，而屋顶的边缘则延伸至悬空结构的边缘。

在表演者座位区的旁边且位于圆环内的是一个不规则形状的喷涂混凝土屋顶。屋顶的碗状结构下方是一个新会议室，此外，该结构还为在屋顶剧院举办音乐表演提供了必需的波状隔音表面。

17块弯垂、层叠和交叠的玻璃片由钢管框架支撑，在音乐表演者座椅区上方提供了一个双层弧形透明遮阳棚。17块玻璃中的每块都是独一无二的，而相应的邻边方便了玻璃的叠加。弯垂的玻璃伞屋顶的修建，意味着弧形夹层玻璃首次成功地投入设计、制造和安装。

项目地点 / 美国加利福尼亚州卡尔弗城
客户 / 塞米陶建筑公司
面积 / 1580平方米
竣工时间 / 1999

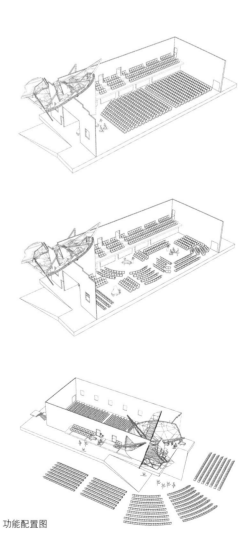

功能配置图

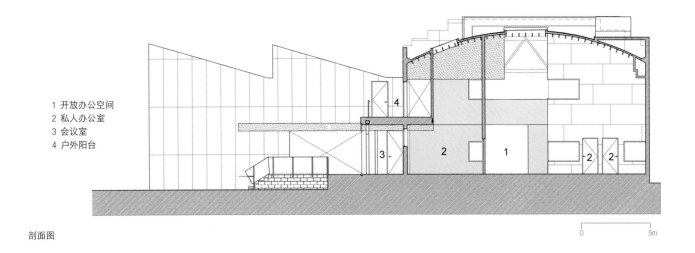

1 开放办公空间
2 私人办公室
3 会议室
4 户外阳台

剖面图

0   5m

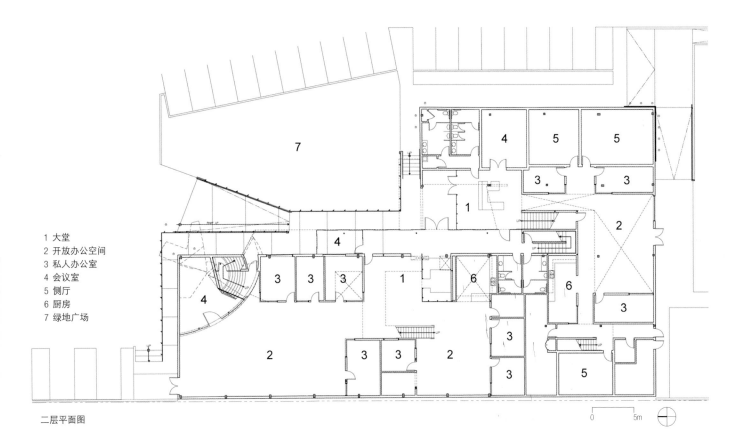

1 大堂
2 开放办公空间
3 私人办公室
4 会议室
5 侧厅
6 厨房
7 绿地广场

二层平面图

0   5m

隐形大厦

在两座相邻的韦奇伍德·霍利仓库，即"斜线"与"反斜线"同海登大道相交的地方，需要修建一座大门作为新办公区的入口。

隐形大楼的设计概念源于需要挖掘并清走这个原工业现场西部的受污染土壤。三座相邻仓库的结构之一被拆除，以创建通往需要清除受污染土壤区域的地面通道。现场修建了一堵混凝土砌块墙，以围住东面两座剩下的仓库，而隐形大楼就修建在新砌墙体的西面。新悬空结构下方的一部分挖空区域重新修建了斜坡，并进行了园林美化，形成了一个低洼花园和聚会空间。

剩下的两座仓库的北端被设计成一个表演和聚会空间。舞台被一面由钢门构成的可移动墙体围住，而钢门则向新花园开放。在这个圆形剧院中，舞台可容纳150人，花园还可容纳600人。将旧仓库和新建筑分开的新砌块墙开出两个洞口：北面洞口构成了舞台前部，安装了推拉钢门；南面洞口允许车辆进入，而车辆穿过墙体后将前往现场后面的停车场。

新建筑的北立面分成三个面，南立面则有四个面。在90米长的地方，建筑剖面不断变化，内部和外部形状不断从三角形变成正方形，或从正方形变成三角形。

这座钢框架结构的最南面接近于一个平面网格，方便了两层楼上的租赁空间的简单组织。建筑的中心包括一楼的玻璃电梯厅、二楼和三楼的开放平台和浴室。刷漆的钢浴室和平台上的相关机械设备结构是在现场外预制并吊装到位的。访客在进入一楼大厅后，可乘电梯上到开放的步道，然后进入租赁空间。

项目地点 / 美国加利福尼亚州卡尔弗城
客户 / 塞米陶建筑公司
面积 / 4460平方米
竣工时间 / 2001

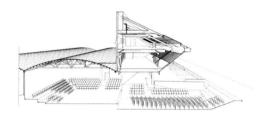

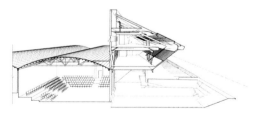

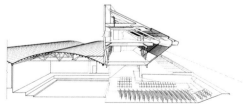

室内-室外露天剧场

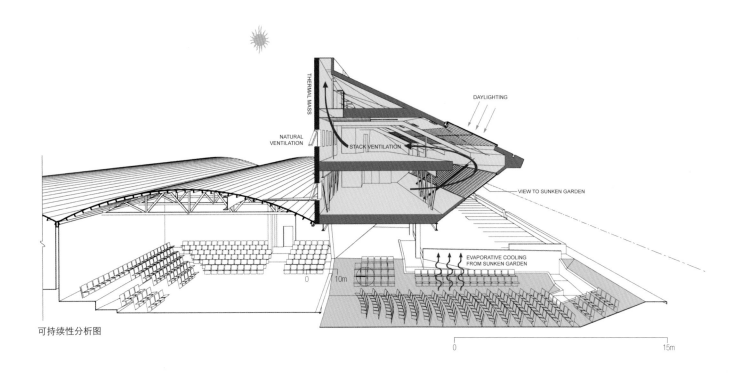

THERMAL MASS

NATURAL
VENTILATION

DAYLIGHTING

STACK VENTILATION

VIEW TO SUNKEN GARDEN

EVAPORATIVE COOLING
FROM SUNKEN GARDEN

0   10m

0   15m

可持续性分析图

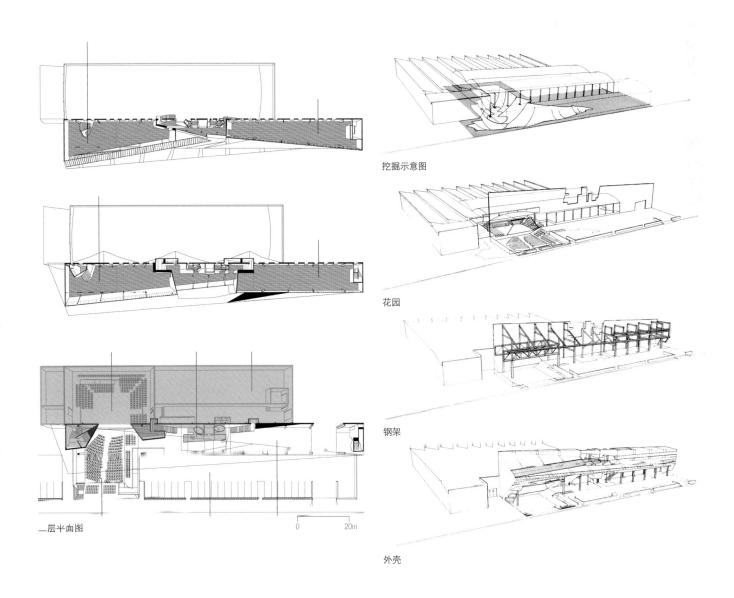

挖掘示意图

花园

钢架

一层平面图

0   20m

外壳

塞米陶大厦

从概念上讲，这座大楼同时具有内向和外向的设计目标。这片新兴地块上的建筑内部进驻了新媒体公司、平面设计事务所以及普通的办公楼租户，大楼象征着这一重要的新城市发展的到来，为当地提供了一场不断变化的艺术品展览，并在五面高清背投大屏幕上提供了各种图像和数据，推广租户的未来活动和成就。

大楼对外展示了重要的文化内容和当地的活动信息，还有各种艺术与设计演示。当人们乘车游走于卡尔弗城和西洛杉矶地区的大街小巷，经过此处的时候就能欣赏到这些画面。除了大量经过此地的汽车之外，现场东西两侧几个街区之外的地方各有一个世博轻轨车站，预计每天可运送3万人次。轻轨乘客人数众多，确保每天都有大量观众路过这座大楼，欣赏艺术展览。该地区的行人也会增加，他们将会从车站穿过大楼前往当地的商业区。

大楼由五个钢环构成，直径约9米。圆环以3.7米的楼间距在垂直方向上堆叠，并在水平方向上前后交错——向北、向东、向南、向西——以在不同高度拉近不同楼层的距离并创建视角。每层楼上的投影屏幕均可从周边地面街道和高速公路上的车里看到，可为轻轨站以及移动轻轨上的乘客看到，还可为位于众多重要的步行空间和观看点的步行者看到。每两层错开的水平环形钢平面上均安装了弧形的圆锥形投影屏幕。屏幕后方是多个数字投影机，共10台，它们将画面背投到半透明的亚克力屏幕上。此外，在这些屏幕围住的空间内，它为观众瞭望城市以及维修人员维护投影机和屏幕提供了钢平台。

大楼在封闭的玻璃井道中安装了一台观光电梯，另有一架楼梯，两者均通往楼顶，因此大楼可用作俯瞰城市的观景台。不过，它的主要目标是向当地居民和路经的在途观众宣传艺术和其他相关内容。

大楼是用标准结构的钢构件——宽法兰钢梁、钢柱及钢槽——和由13毫米的钢板构成的板式墙体建造的。所有形状和配件都是工厂制造，并运送到现场组装。因为防地震设计的限制，大楼坐落在极深的地基混凝土桩之上，并用连续的基梁将这些桩连接起来。

项目地点 / 美国加利福尼亚州卡尔弗城
客户 / 塞米陶建筑公司
面积 / 465平方米
竣工时间 / 2010

覆盖范围

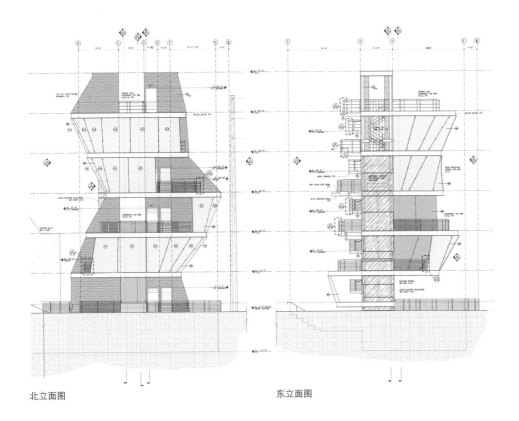

北立面图

东立面图

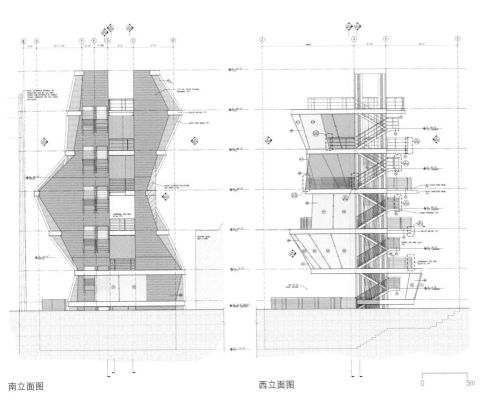

南立面图

西立面图

0   5m

塞米陶办公楼

位于南洛杉矶的塞米陶办公楼再次延展了这座新城市的地界，开启了结合并利用欧几里得几何学以构成复杂空间序列的调查研究。

这个新现场拥有一段曲折的历史，位于费德科大楼附近，臭名远扬的1992年洛杉矶暴乱就发生在这里。

塞米陶利用了一个位于一条私有公路上方的建筑现场。公路继续作为一条传统道路进行运营，而建筑则是一个使用土地上空权的结构，是美国即将在一块汽车公共用地上修建的几个相似项目之一。新建筑坐落在一个高出公路4.5米的钢柱梁结构上，以为货车和车辆从下方通行留出足够的垂直空间。这栋利用土地上空权的建筑是一个简单的长方形结构，有34米长，9米宽，14米高。它达到洛杉矶区规定的最大建筑高度，并由钢管柱以及跨越原公路宽度的纵梁支撑。新柱子或者竖立在现有结构之外的路面上，或竖立在毗邻公路的相邻建筑中。公路两边的现有建筑均加以改建，以为原建筑租户柯达公司提供更多的地面办公空间。

在这座原本为长方形的建筑中，存在两个不规则的几何结构。其一是位于项目东南角的双圆锥形进出楼梯、室外休息区和屋顶平台空间，并突出了建筑现场的车辆通道。该建筑的另一个空间特例是朝西的五边形庭院，带一座露天桥梁、游泳池、喷泉和员工户外座椅。该庭院悬架在正下方的车辆入口通道之上。

这座拥有土地上空权的大楼的内部规划包括开放式和封闭式办公空间和会议室。一楼是多媒体教室、休息室、开放办公室和制作空间。这座长方形方块大楼的中心是卫生间和杂物间，是两个两层楼高的结构之一，位于本应具有规则楼间距的大楼中。

位于入口通道终点的锯齿状屋顶改建建筑包括柯达公司的食堂和教室空间，还有通向新办公楼二楼和三楼的电梯厅。在二楼的电梯厅之外是一个双层高的大会议室，西面可看到圣塔莫尼卡高速公路、威尔夏大道和圣塔莫尼卡山脉，为洛杉矶创造了一种方向感。

项目地点 / 美国加利福尼亚州洛杉矶
客户 / 塞米陶建筑公司
面积 / 5300平方米
竣工时间 / 1996

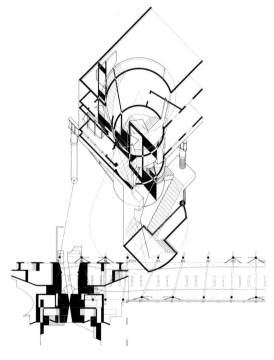

剖面轴测图

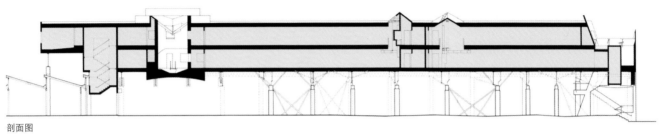

剖面图

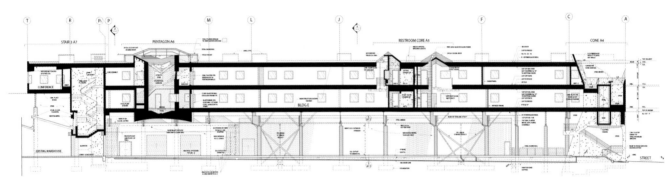

剖面图

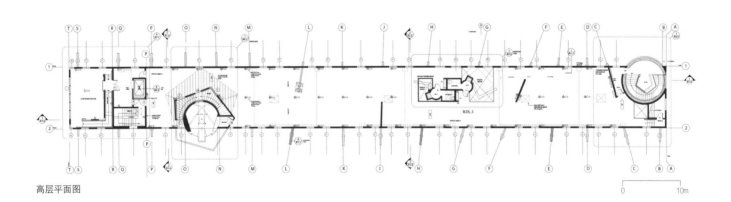

高层平面图

0　　　　　10m

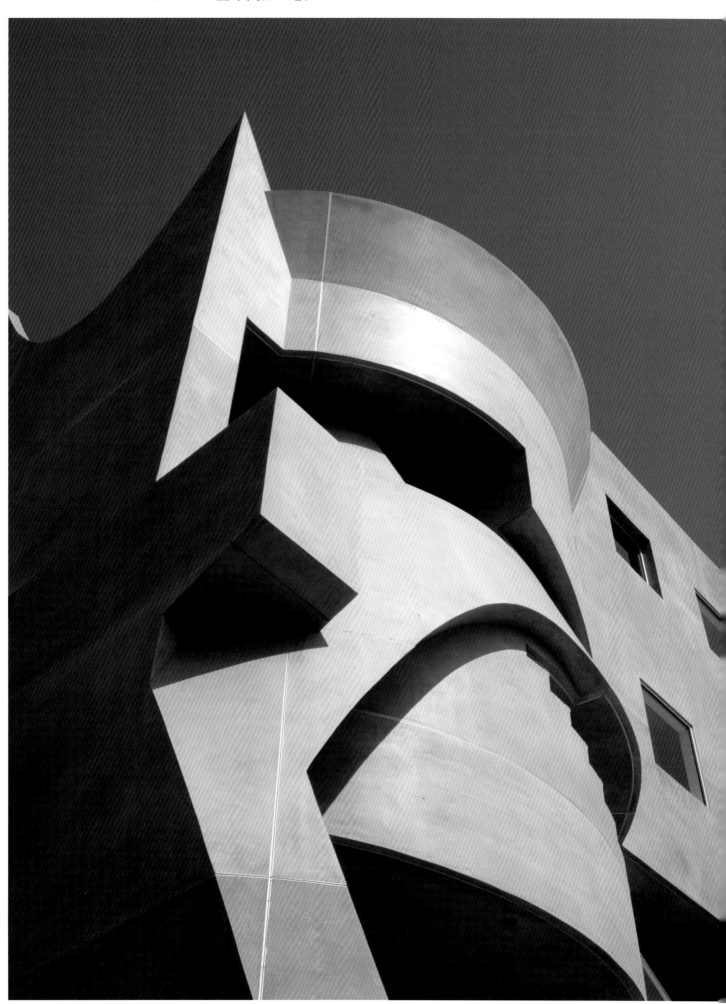

盒子大厦

盒子大楼是一个整改项目，它改建了位于卡尔弗城国家大道的一座现有仓库的组织和结构。

盒子大楼包含三个概念部分：第一个是一个圆柱状接待区，位于原仓库建筑的一楼，并向上延伸，与只有一层楼、以桁架支撑的屋顶交叠。原屋顶被拆除，并在屋顶和圆柱状结构的交叠处采用玻璃。

一个新户外楼梯与二楼屋顶平台连接，而屋顶平台架在接待区上方的原屋顶桁架系统之上。新平台和屋顶上的圆柱状突出部分之间安装玻璃，以将自然光引入接待区。

会议空间位于私密的第三层结构中，并安装了三面转角窗。窗户与视线高度平齐——避免看向当地街区街道的视野，且只能看到天空以及街对面公园中的树木的顶部。

会议空间架在钢脚上，钢脚倾斜，以作为固定在地面上的梁。这些梁构成两个在平面图上交叉的平面。两根梁构成一个弧形，为人们占用二楼位于会议空间和接待区之间的露台提供了净空间。盒子大楼看似在一个钢球上滚动。

盒子大楼是传统正方形盒子状的混合结构。传统的几何概念变成了一个经过修改的物体，将盒子变成了一个仍然可辨认但却不是十分规则的形状。

西北角和东北角安装的三面转角窗本身就像盒子，且分别设置在会议空间的对角位置，将风景引入转角。两个三面转角窗一起安装时，就形成了一个理论上的玻璃盒。

不同的盒子元素采用同一种材料和同一种颜色，内外空间均采用一种极像黑色的水泥抹灰。屋顶、内外墙和顶面均呈现统一、光滑和抹平的表面。屋顶和墙体之间没有任何材料上的差别，建筑内外表面的材料也如此。

项目地点 / 美国加利福尼亚州卡尔弗城
客户 / 塞米陶建筑公司
面积 / 1115平方米
竣工时间 / 1994

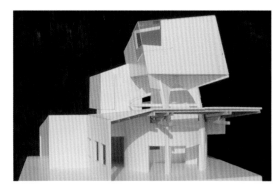

模型

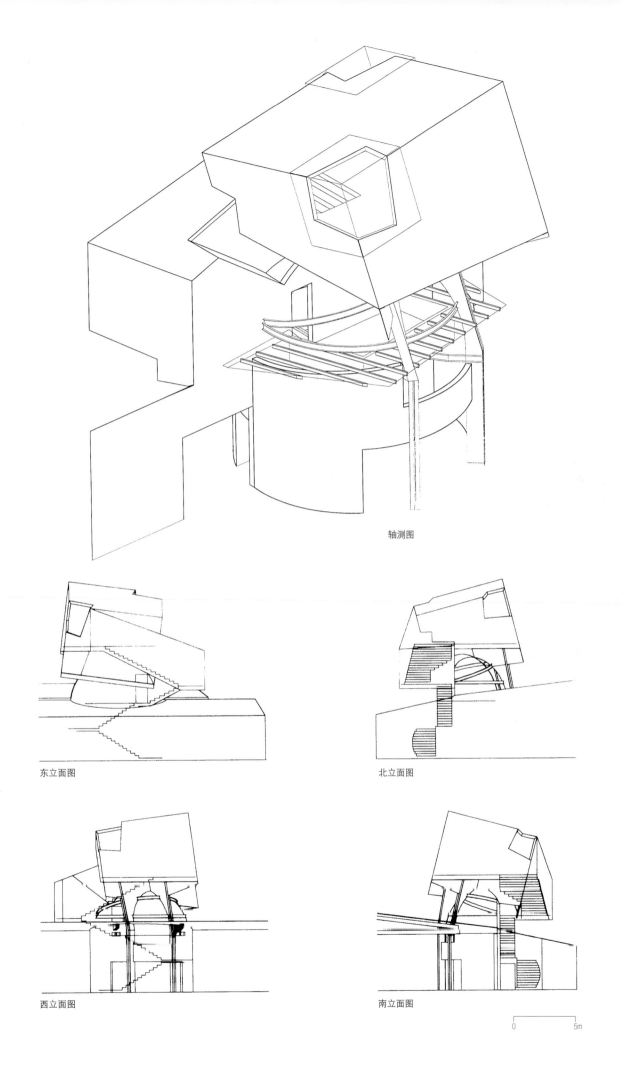

轴测图

东立面图

北立面图

西立面图

南立面图

0　　　　5m

91

蜂巢大厦

蜂巢大厦包括一家网络托管公司的一间会议室和一个接待区。该项目还包括一个两层楼的长方形办公结构。项目位于相邻的现有仓库构成建筑群之中。

主入口和接待区位于一楼。一段楼梯环绕大厅的临街面，通往二楼会议室。东立面的一段外部楼梯从会议室楼层通向阶梯式屋顶露台。露台向西南面逐级上升，为员工和客户提供了非正式座椅，俯瞰大道正对面的当地公园，拥有观看城市的全方位视角。阶梯式座椅中心是一个金字塔形的天窗，将光线引入会议室、接待区和开放楼梯区。

蜂巢大厦的外部形状是由四个钢管柱确定的。钢管柱安装在墙体和屋顶上。因为二楼内部空间增加，所以每根柱子都向外倾斜；因为屋顶露台空间减少时，所有柱子都向内倾斜。每根柱子的倾斜角度都不同，且每根柱子的高度也不一样。

在柱子改变倾斜角度的地方，钢管被截断，并用两块钢板连接起来，露出连接点。

弧形水平环形梁连接不同柱子，形成了由柱平面规定的形状。建筑的外表面是一个由玻璃和Rheinzink板材构成的片块系统，面板在每个水平环上相互交叠，且在建筑的内部和外部皆可见。

面板的宽度随着管状梁弧度的变化而变化。弧度越大，面板模块越小。

蜂巢大厦和相邻建筑退离街道，以在北面和西面创建一个花园。新植草土堆可用作非正式座椅，也划分了建筑正前面的空间，创造了一些隔离交通极其堵塞的相邻街道的空间。

项目地点 / 美国加利福尼亚州卡尔弗城
客户 / 塞米陶建筑公司
面积 / 1020平方米
竣工时间 / 2001

模型

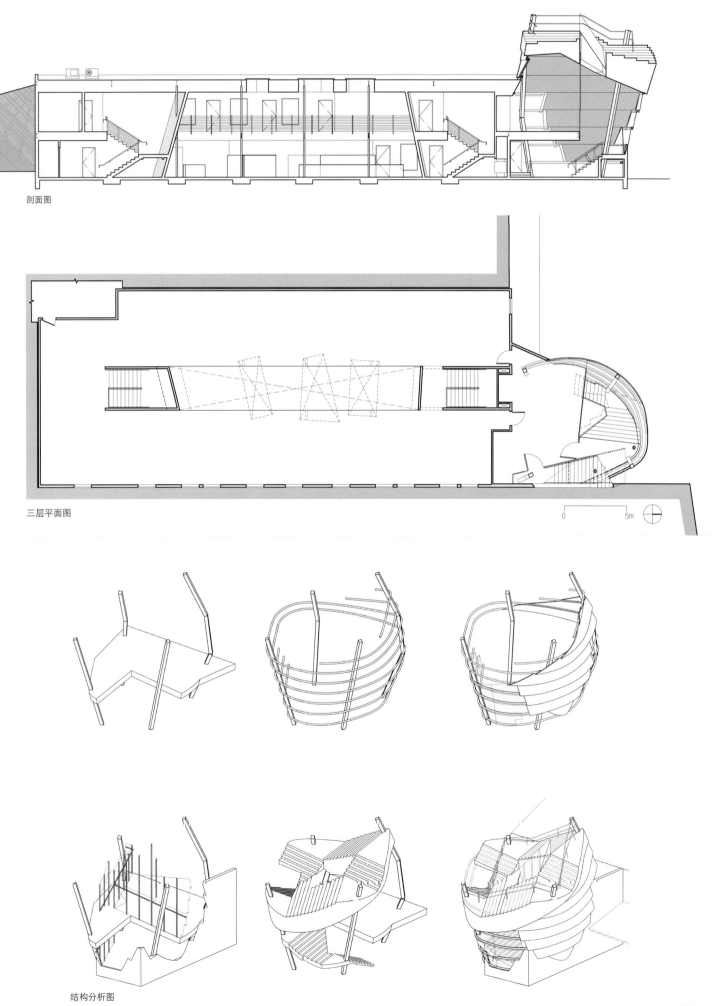

剖面图

三层平面图

0   5m

结构分析图

99

3555号海登大厦

原建筑是一栋一层楼的砖砌仓库，建于20世纪50年代初期。20世纪90年代末，建筑西端增建了一个两层楼的砖砌盒状结构，取代了原砖砌结构中用作办公空间的部分。原建筑中两层楼高的增加结构是一个新摄影工作室，为当地多家电影制片公司所用。2007年增建的三楼位于摄影工作室的上方，提供了额外的办公空间。

为了支撑三楼的增建结构，设计师在原工作室的屋顶上新加了一圈钢梁，钢梁安装在摄影工作室的钢筋缓凝土砌块结构上。摄影工作室原屋顶上的新外围钢框架上又增加了钢柱，以支撑三楼的波状新屋顶。之所以采用这种屋顶形状是为了在平均计算后达到城市规定的建筑高度，因为超过高度限制的屋顶部分则用低于限制的相同屋顶部分抵消。

屋顶几何形状是用13米长、南北朝向的胶合板木梁构成的，木梁之间以0.6米×2.4米的木椽连接。每根胶合板木梁都加工成一个独特的弧度，梁的顶面有一条斜边，斜边不断变化，以适应整条梁的长度上屋顶坡度的变化。

由于整个木结构裸露在三楼内部，所以建造时需要对胶合板隔板屋顶做隔音处理。水泥板的饰面是一种半透明的喷涂纤维玻璃材料，是专为这个项目开发的。它使建筑的整个外表面防水，并与其独特的弧度无缝弥合。斜屋顶水平方向上设置了半圆形屋脊凸起（像地形线），以减缓和改变屋顶水流的速度和方向。

三楼增建结构被分成三个内部工作空间，采用两个相互交叉、12.8米长、无直棂的玻璃天窗作为分界线。天窗跨越三个独立办公室之间的1.8米长的玻璃安装区。在摄影工作室屋顶的北面，中间模块的一个户外庭院伸进立面和屋顶，并以倾斜的玻璃封闭。铝合金店面系统用钢管加固，以支撑倾斜玻璃的锐角。

在南立面有两个1.8米宽、带玻璃门的玻璃盒。玻璃盒延伸至一个屋顶平台上，为三楼租户提供了一个露天平台。

项目地点 / 美国加利福尼亚州卡尔弗城
客户 / 塞米陶建筑公司
面积 / 2325平方米
竣工时间 / 2007

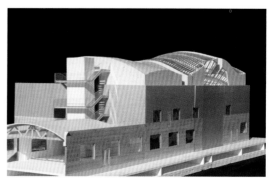

模型

剖面透视图

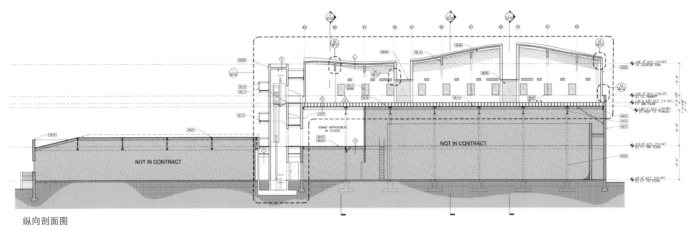

纵向剖面图

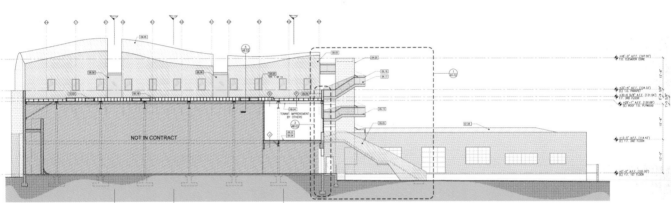

纵向剖面图

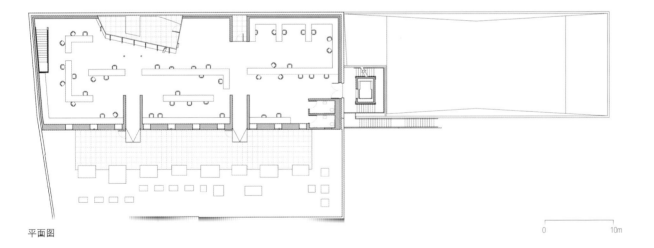

平面图

0　　　　　　10m

3535号海登大厦

3535海登大厦位于美国国税局和海登大厦现场之间的中点附近，是一栋新建的四层楼钢框架结构，坐落在现场一座旧仓库的木柱和桁架之上。原建筑被拆除，只有柱子和跨度很长的弓弦式桁架结构被保留了下来。新钢管柱子和宽法兰梁安装在原桁架和柱子的上方、下方和周围，因此，改建后的结构是两种截然不同的施工类型的空间综合体，而这两种施工类型极少同时出现在同一座建筑中。

木结构不再具有实用性——它只支撑自己，除了北立面的最后一个结构开间之外。在这个开间，原仓库桁架支撑拱形屋顶被保留在新设计工作室的上方。木柱位于跨越仓库开间的原弓弦式桁架的中心位置，如今用以定义主要公共通行走廊的中心线，从中央大厅分别向东和向西延伸，延续了整个建筑长度。

改建后的原桁架的不完整舷顶从面向停车场的南面墙体上露出来，被用以支撑一个新角钢遮阳系统，以保护南面墙体上的窗户。南面入口上方是唯一完整保留下来的桁架，它向停车场突出，标示了入口门。门的上方是一个倾斜、悬空的方块，里面包括一个三楼会议室。

建筑的大厅是一个三层楼的圆锥形结构，带有向东和向西延伸的通行走廊。二楼和三楼的天桥跨越大厅，将电梯核心与不同楼层连接起来。接待桌后方是封闭的会议空间，一楼封闭，毗邻大堂上方二楼天桥的二楼墙体安装玻璃。会议室举办的活动可从二楼和三楼的大厅天桥上看到。四楼是行政楼层，以三楼屋顶与下方的大厅隔离，但可乘电梯前往。

构成室内大厅圆锥体的弧形钢梁从建筑的南立面探出，以支撑入口上方的钢结构遮阳棚。遮阳棚的两端以两根弧形梁支撑，穿过了同样跨越入口区上方的两根木桁架。

一楼、二楼和三楼包括办公室、制作室、图书室和电脑空间。一楼有一个厨房、一个室内和室外用餐区。用餐区包括建筑东端的以围墙围住，用园林美化的花园。

项目地点 / 美国加利福尼亚州卡尔弗城
客户 / 塞米陶建筑公司
面积 / 4924平方米
竣工时间 / 1997

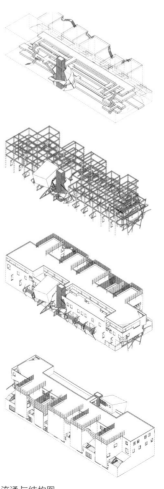

流通与结构图

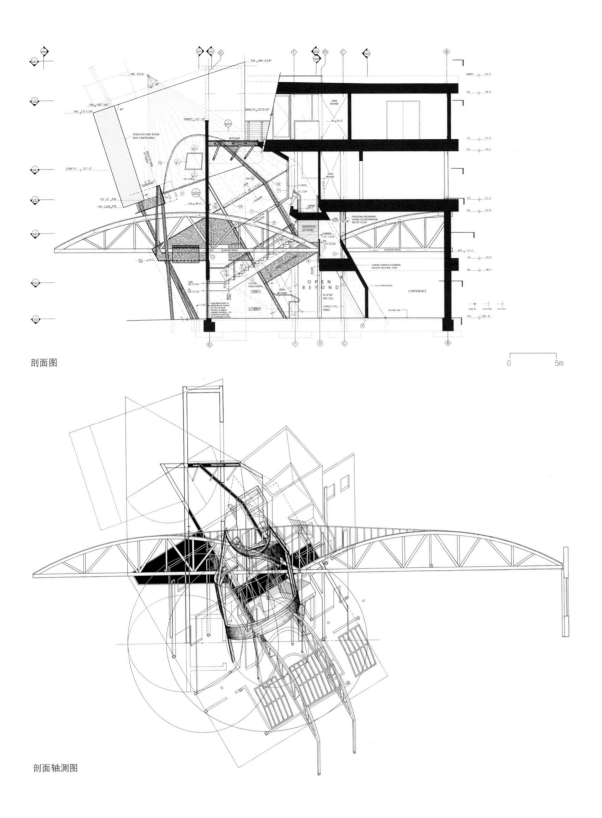

剖面图

0   5m

剖面轴测图

国家大道8522号

在繁忙的国家大道沿线，五座仓库比邻而立，构成了一栋单一的建筑。第一栋建筑建于20世纪20年代，其他四栋建于20世纪三四十年代。五栋建筑均拥有跨度极长的空间，且在桁架线上安装了天窗。从未有人试图通过设计来协调早期建筑与后期建筑的关系。这些建筑只是在需要的时候简单增建的额外面积。

设计方案是将工业建筑转变成支持当地电影工业的创意工业办公空间。建筑需要采用一个统一的组织系统，以结合分散的各个部分，同时保留原建筑的特征。

临街面修建了一个钢结构遮阳棚，架在木支柱上，从原水泥抹灰墙面向外延伸。原建筑增建了一个椭圆形的入口庭院，以新混凝土砌块支撑，将一个内部桁架结构暴露在街道上方。

一条步行入口坡道从人行道延伸至开放庭院，穿过入口门后与一条内部步道连接。内部步道位于原柱系统的两边，而原柱系统则位于步道的中心线上，以支撑原桁架屋顶。步道两旁的内部立面由三个叠加部分构成：一个正交框架、一面拱墙和一面玻璃墙。这三个元素根据各自的需求出现在不同的模块上，并在步道沿线出现不规则的交叠。

步道在半路通向一个大厅。新建的以天窗照明的结构从平面看部分呈椭圆形。之后，步道向左转，通往一个大会议室。第三个椭圆形从剖面看有所倾斜，它是一个如今变成会议室的原房间，保留了原混凝土砌块墙。

新会议室的墙体都是木框架，采用桦木胶合板饰面。木梁均以螺钉固定到原外围墙体上，用作跨越原对角空间的横木。木支架安装在木梁的上方和下方，跨过梁形成椭圆形圆锥形状。

内部步道和大厅组织允许所有者以各种方式划分和出租道路两边的空间，或者简单地全部租给同一个租户。在过去的这些年里，这种灵活的安排满足了众多租户对布局的不同要求。

项目地点 / 美国加利福尼亚州卡尔弗城
客户 / 塞米陶建筑公司
面积 / 3995平方米
竣工时间 / 1998

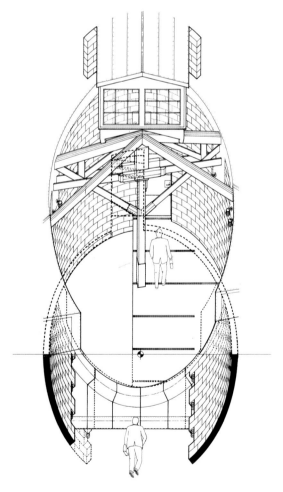

入口轴测图

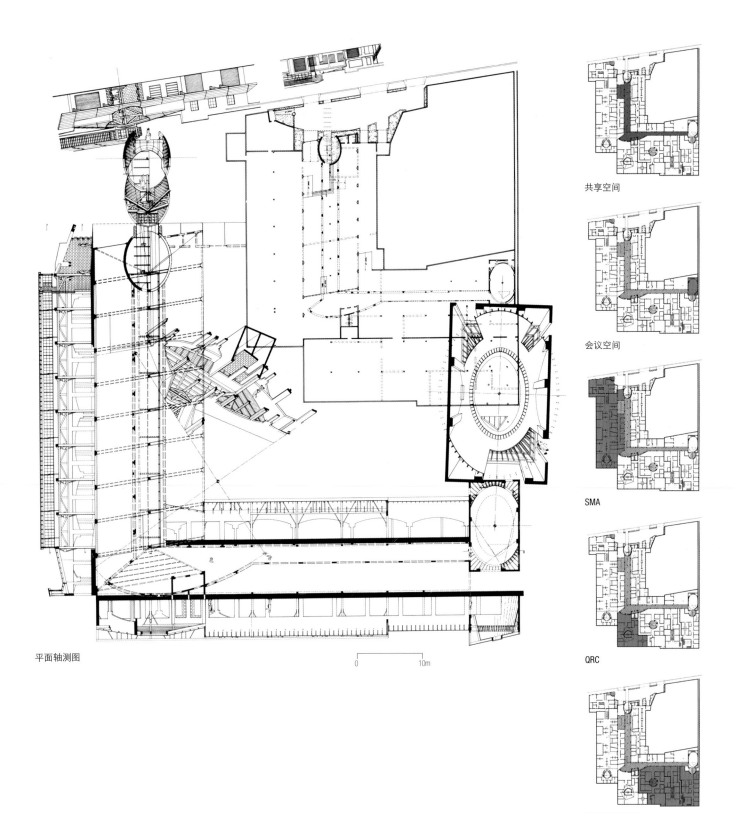

平面轴测图

0　　　　　　10m

共享空间

会议空间

SMA

QRC

GOALEN GRUUB

跨界艺术空间

五个重要的设计行业租户搬进了这座建筑，此举很快引起了国际建筑和设计群体的注意。该建筑荣获了众多设计大奖，包括美国建筑师协会建筑和室内设计奖。国家大道8522号的成功验证了这种适用于街区的设计方法，促使该区和附近更多颇具雄心的项目制定临时总规划。

华夫饼大厦

这座包括十栋楼的项目显示，原大楼框架因为距离街道太远而不能得到充分利用。因此，设计师们决定，原框架将成为仙人掌大楼的现场，同时在海登大道旁边再修建一栋大楼。

该项目的概念重点是使位于现场东部边缘的新大楼，毗邻海登大道。新大楼的平面规格及高度与原建筑相同。

用一叠方形便条纸制作的初步研究模型显示的是一个不太规则的盒子，同时在空间上又与常规盒子没有明显的差别。相反，模型表现了一种从概念上看柔软的几何结构——一座扭曲的大楼。所提议的横向和竖向"翼"结构以及玻璃围合系统都进行了全面评估。玻璃构件均不是弧形的，所以弧形表面是由一系列直线集合而成的，这些直线在四个大楼立面上不断地变化位置。

华夫饼大厦保留了相似的软结构，却将横向和竖向玻璃支撑系统换成了1.3厘米长的等离子切割钢板、遮阳框架，安装正交双层玻璃窗板，以围合建筑并起到防水的作用。

原建筑结构随着高度增加而扭转，在顶部稍微沿顺时针方向旋转，在底部则略微沿逆时针方向旋转。大楼结构在扭转时保持了平面形状和规格。形状的弧度通过玻璃帷幕的横向和竖向钢板网格表现。随着弧度的增加，钢板之间的间距缩小，以确保平板玻璃片的细分。

内部结构框架紧随外部形状。四根角柱经过了一系列复杂的测量，以表达弧形形状。建筑包括一楼、夹层、二楼和有遮盖物的屋顶平台，楼层之间由一部室内楼梯和一台电梯连接。

华夫饼大厦将包括一家高级餐厅。另一座辅助建筑将紧邻现场西面而建。新花园座椅将直接毗邻华夫饼大厦。

项目地点 / 美国加利福尼亚州卡尔弗城
客户 / 塞米陶建筑公司
面积 / 511平方米
竣工时间 / 在建

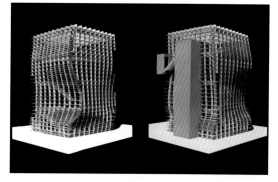

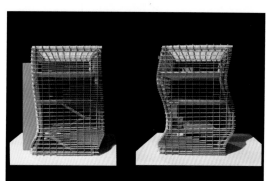

模型

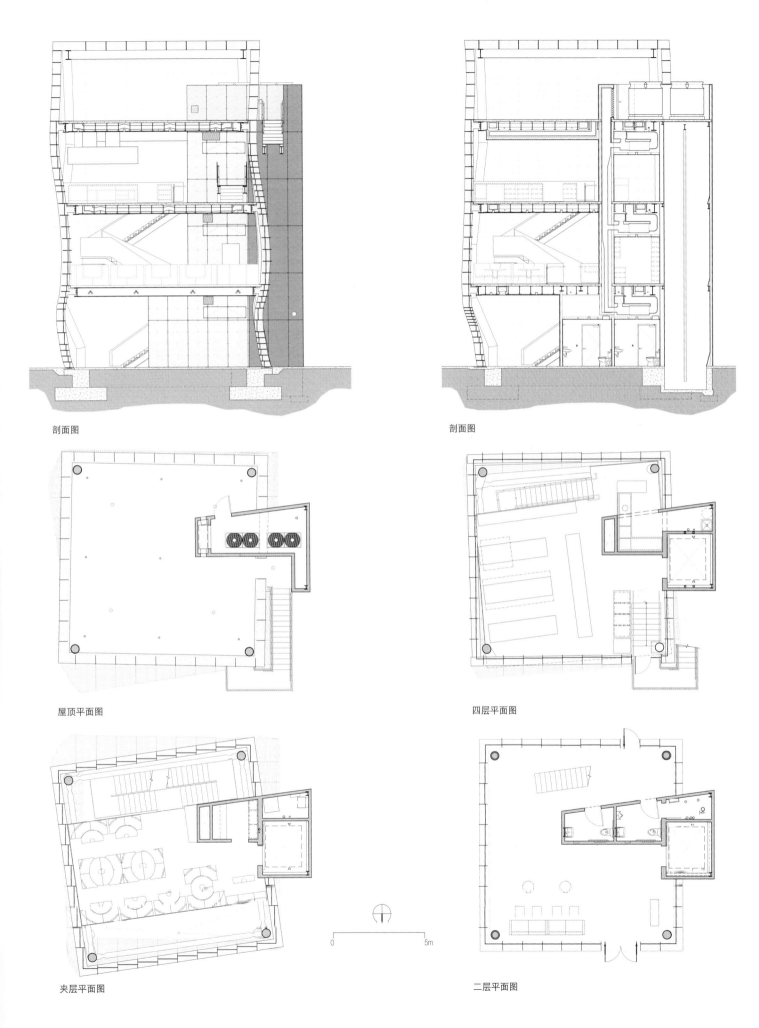

剖面图

剖面图

屋顶平面图

四层平面图

夹层平面图

二层平面图

0　　　　5m

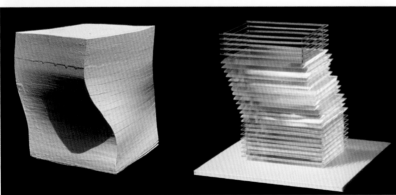

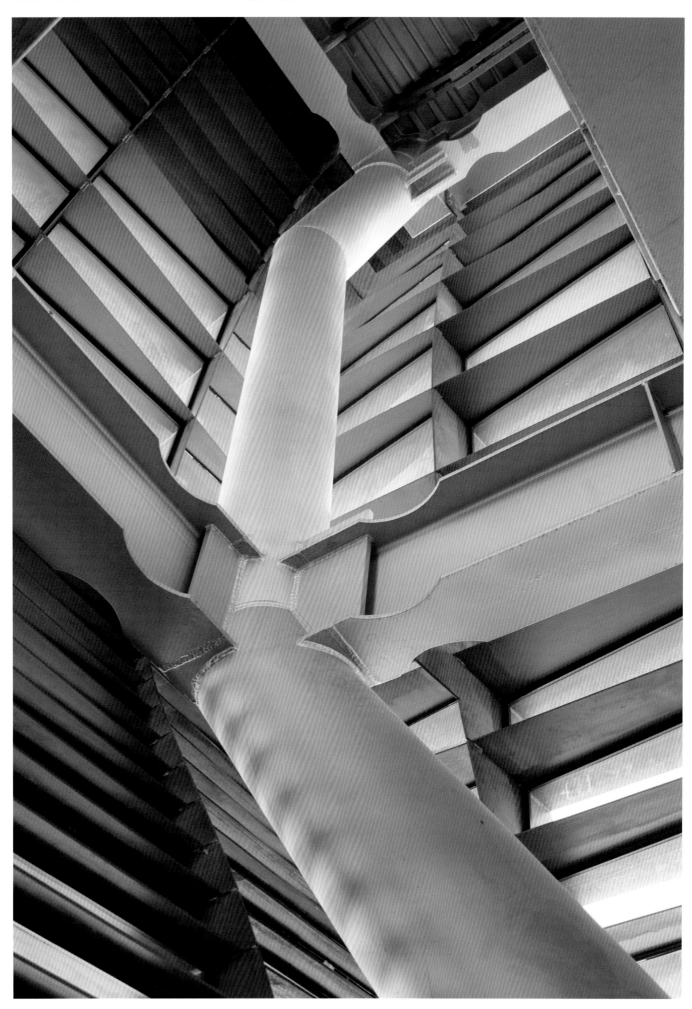

仙人掌大厦

原墙体为浇筑混凝土，原屋顶结构是一系列的弓弦式木桁架。该建筑原用于轻工业制造，建于20世纪40年代。它是一个大型钢框架，就位于仓库的外面，还曾包括一家工业出版社。

旧工业出版社大楼的外壳被剥落了下来，露出了摇摇欲坠的钢支架结构以及一堵混凝土承重墙。其目的是为了利用原结构创造户外会议和聚会空间。钢框架是重新修建的，而砌块墙则是经过修复的。

新的"绿色结构"安装在大楼的中间位置，提供了一个类似遮阳棚或凉亭的结构，创造了用于户外工作和休闲的空间。这个新结构包括28个钢盆，每个都填上了足够的土壤，以构建一个单一的像仙人掌一样的墨西哥式围栏。这些钢盆被排列成六条东西向平行线，每条钢盆线都是五丛仙人掌构成的线型序列，而一根新结构桁架横跨原钢结构的两边。钢盆是承压支柱，每根桁架都有五个钢盆，用以构成花园的新桁架的竖弦。每根新桁架的顶弦是一根20厘米长的T型钢；底弦则是一根钢索。每个钢盆的底部均刻有狭槽，每个刻有狭槽的钢盆的深度随着钢盆在桁架上的位置而变化。狭槽追随于底弦线条，跨越结构的两端。外围钢盆的狭槽最深；中心钢盆的狭槽最浅。灌溉管线和灯具位于T型顶弦上，从下面看不到。此外，还提供了一架通向仙人掌的梯子，用于维修。在仙人掌大楼的中心，有两个钢盆被取消，以将午后阳光引入会议区楼层。

因为很高，仙人掌大楼在很远的地方就可看到，成为了西洛杉矶天际线耐旱温室的象征。仙人掌大楼是结合环保倡议、一个户外空间和一种新桁架类型的结晶。

在这个2787平方米的壳体中，人们设计和修建了一个新制片工作室，以金属支柱和干式墙为结构，以紧覆的隔音织物为装饰。制片设施周围是各种开放和封闭的会议空间、独立办公室、后期制作场所以及用餐和休息空间。此外，原混凝土壳体的外围墙体上还安装了三座玻璃卷门。

两座原仓库在拆除一面内墙后从空间上连接起来，然后根据租户的内部空间需求，利用金属立筋隔墙进行划分，以形成封闭的办公空间和开放工作区。

项目地点 / 美国加利福尼亚州卡尔弗城
客户 / 塞米陶建筑公司
面积 / 1858平方米
竣工时间 / 2010

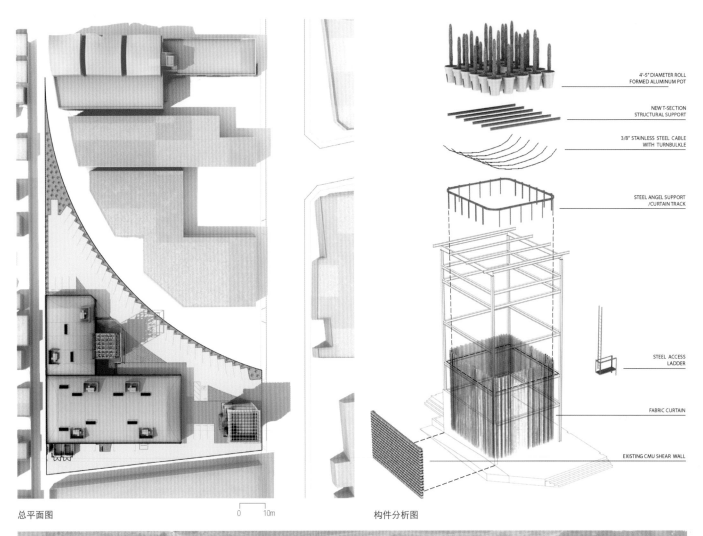

总平面图

0   10m

构件分析图

4'-5" DIAMETER ROLL
FORMED ALUMINUM POT

NEW T-SECTION
STRUCTURAL SUPPORT

3/8" STAINLESS STEEL CABLE
WITH TURNBULKLE

STEEL ANGEL SUPPORT
/CURTAIN TRACK

STEEL ACCESS
LADDER

FABRIC CURTAIN

EXISTING CMU SHEAR WALL

效果图

什么墙?

"什么墙?"是一个小型租户改建项目,与国家大道8522号大厦位于同一个仓库区,坐落在海登大道国税档案局和隐形大厦之间的中点位置。原街道立面是一堵长长的、无任何装饰的抹灰墙,且未开洞口。

新空间的租户是一家软件设计公司,具有传统的规划要求:独立办公室、开放工作空间和制作空间、会议空间,还有必要建立一种具有标志性的形象来代表公司。

该项目的技术和概念核心是一面9米×9米的墙体。该墙是一堵50米长、11米高的原本连续的抹灰墙体的一部分,面向公共入口和街道。原墙体模型是用柠檬皮制作的,与新墙体的标志性形状极其相似,具有不规则的弧形表面。

在正式规划阶段,柠檬皮模型被改建成一系列的由直线构成的模块,排列成类似弧形的预定形状。原平滑曲线被重构,表现在用成品砌块形成的墙体形状和表面上,从新办公室内外均可清晰地辨认。新"替代"墙打破了原本平整的抹灰表面,恰好由1000块20厘米×20厘米×20厘米的混凝土砌块砌成。每块砌块都经过特殊切割,以适合柠檬皮墙体模型。每块砌块都是特别制作的,但根据情形进行切割,以适合新墙体的不同弧度。

砌块砌在由竖向和横向钢管构成的框架上,而框架则预先决定了砌筑构成的重要弧度。施工时采用了一个胶合板网格或类似的墙体形式作为支撑形状和支架,以将每块砌块精准地放到弧形序列中。

砌块墙安装了三个钢窗,将阳光和街景引入新行政办公室和位于其正后方的会议空间。窗户一开始被设计成弧形墙立面上的直角形状。后对窗框进行了修改,以适应弧形表面,因此,钢框时而向内隐入,时而向外突出,约略成为了预先构成的弧形墙体部分上的直线。然后,玻璃被切割成三角形,以安装在窗框的钢折边里。

在砌块墙跨越屋顶线时,新墙体的弧形顶部和下方的原仓库屋顶之间将安装一扇能从街道上看到的天窗,让南面的自然光照进建筑的弧形内表面上。

项目地点 / 美国加利福尼亚州卡尔弗城
客户 / 塞米陶建筑公司
面积 / 1394平方米
竣工时间 / 1998

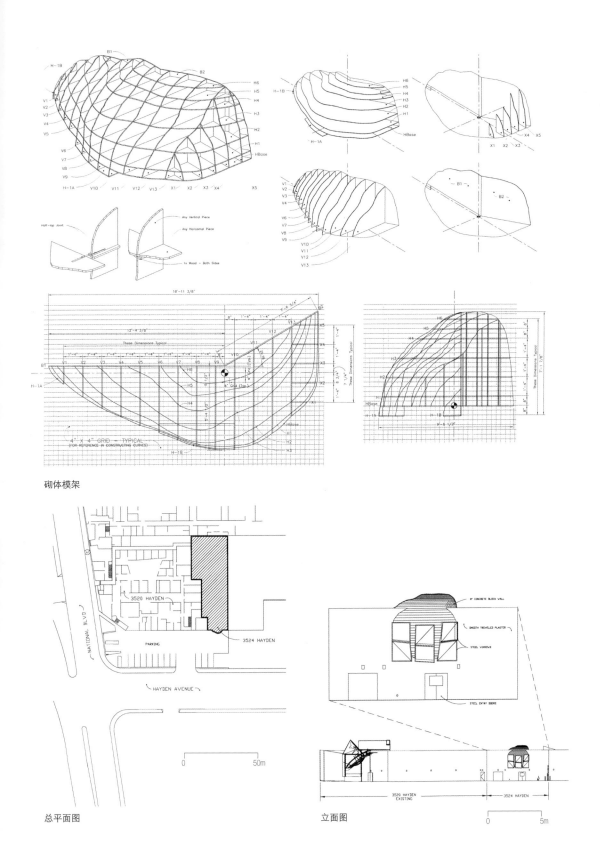

砌体模架

总平面图

立面图

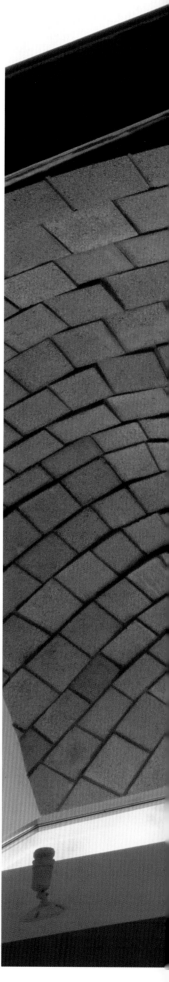

派拉芒特洗衣店改建

鉴于早期国家大道8522号大厦的成功，项目现场在卡尔弗城内再度扩大。增加了一个新现场——离卡尔弗城市中心更近，且毗邻索尼影业的外景场地。

新现场位于恩思大道，是一座包括四栋建筑的小型分校区。其中两栋建筑改建后将与恩思大道毗邻（派拉芒特洗衣店和灵布雷德大厦），并最终拥有一些相同的设计元素。

派拉芒特洗衣店是一个改造项目，它对派拉芒特工作室在20世纪40年代使用的一栋原混凝土加木桁架屋顶的建筑进行了改建。该建筑集合了开放工作区、独立办公室和会议空间。临街入口构建了一个三层楼高的入口大厅，以提供进入上方两层新办公楼层的直接楼梯通道，并组织前往一楼办公室和会议区的通道。大厅隔壁是主要工作空间，有三层楼高，其中三楼有一座新天桥跨越头顶，将新三楼的两个独立部分连接了起来。原屋顶桁架结构的底弦被切割和拆除，因此才有了建造天桥的可能，为人们通过天桥提供了所需的竖向空间。切断的桁架重新用一个以角钢和钢管构成的钢结构支撑。

天桥中心有一个休息和座椅区。这是一个独特的视点，员工可以在这里休息和观看下面楼层的同事们。天桥结构用釉面陶土柱填充钢筋缓凝土为支撑。陶土管一般用于地下管道铺设，这里首次用作钢筋混凝土的永久模板。新陶土柱也支撑新二楼，上面包括一个封闭的媒体室和会议中心。

天桥上方是一个新拱形结构，位于带有天窗的原屋顶上方，与正下方的天桥对齐，为天桥和下方的楼层增加了自然光和空间。

项目地点 / 美国加利福尼亚州卡尔弗城
客户 / 塞米陶建筑公司
面积 / 2230平方米
竣工时间 / 1989

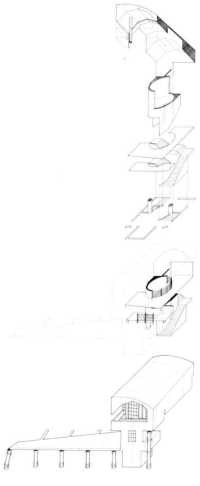

轴测图

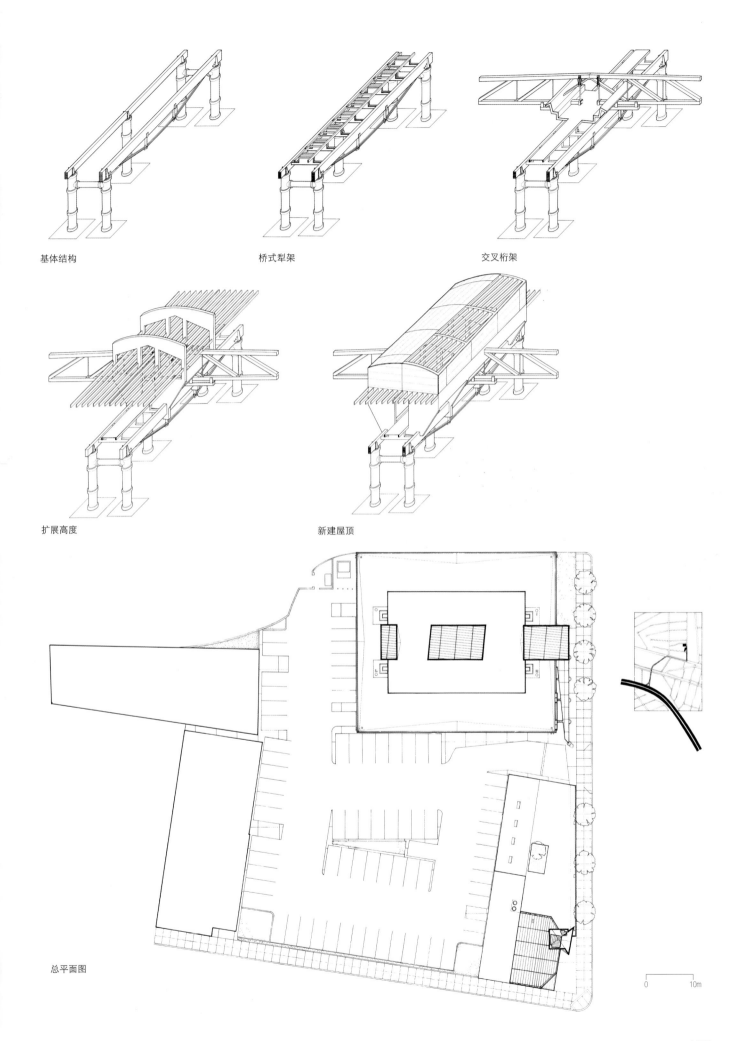

基体结构

桥式犁架

交叉桁架

扩展高度

新建屋顶

总平面图

0   10m

139

加里集团大厦

加里集团项目标识了观看、思考和建造方法的一种转变的开端。

项目现场原本由四栋建筑构成，最终将再增加一栋建筑。

改建后的仓库为一家娱乐和营销公司提供管理办公室和制作、设计空间。原建筑由两座仓库构成，一栋位于现场最南面，带桁架支撑的拱形木屋顶，另一栋则位于现场北部，其北面有一个临街入口，西面有一个停车场入口。

这里没有固定办公室。建筑内部空间没有按照工作顺序或时间顺序进行规划。相反，由于它从多个点进入，可以多种方式被加以利用。

该建筑有两个主入口。第一个位于北面，面向林德布雷德街，开在一面作为新街道立面的独立临街混凝土墙体上，设置在原仓库墙体的前面。墙体向后方的原墙体倾斜，依靠于附加在原建筑的钢肋上。

第二个入口穿过新加了链条、电线、钢筋梯、攀缘植物和窗户等的一面墙体，面向停车场的步行人流敞开。

在第一个结构内，五个工作空间各自分布在五个紫竹装饰的庭院里，排列成十字形平面。十字形平面的中心是一个露天水池。钢淋浴喷头通过一个理石水槽将水滴进水池中。员工们聚集在水池周围聊天和休息。一条走廊将这五个工作空间和水池与一个独立会议室连接起来。一个架在胶合木和钢脚上的圆锥形钢帽封闭并构成了会议空间的外围。走廊南面是第二个仓库。该仓库新加了二楼，包括独立办公室和开放工作台。两个大型的由铝材、玻璃和钢片制作的通风管穿过原弓弦式桁架支撑屋顶，将自然光引入穹顶下的二楼工作区。

项目地点 / 美国加利福尼亚州卡尔弗城
客户 / 塞米陶建筑公司
面积 / 743平方米
竣工时间 / 1990

会议室模型

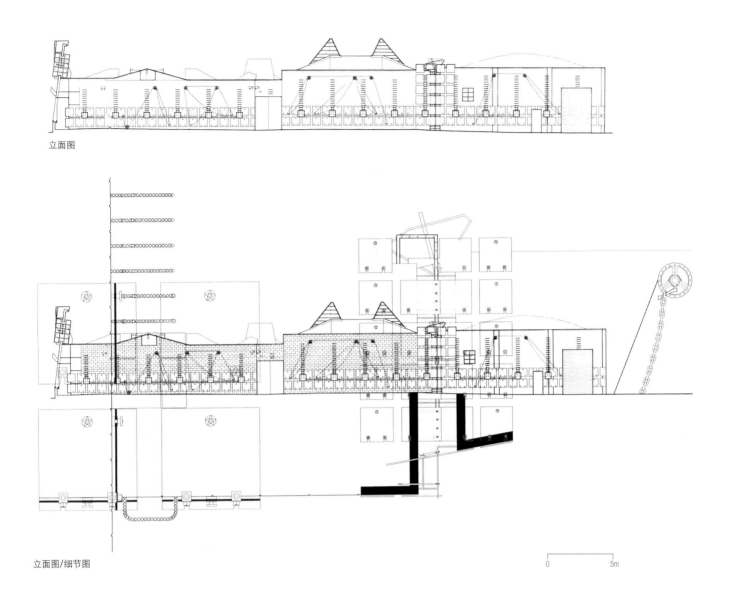

立面图

立面图/细节图

0　　　　5m

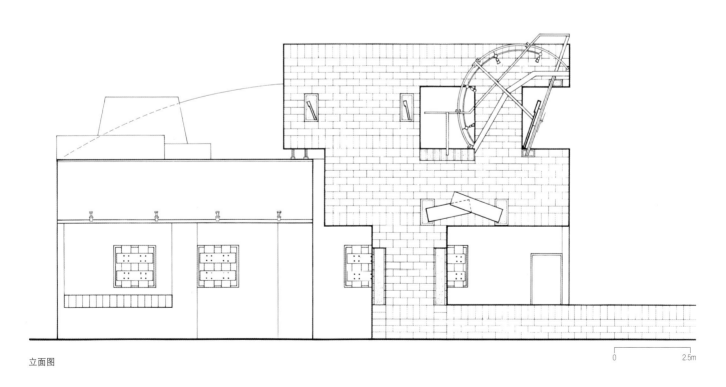

立面图

0　　　　2.5m

在建奥地利

建筑学尽全力地告诉我们，世界可能是另一个样子，世界在进步，而建筑学能促进这种进步。建筑学还能展示城市的新前景，设计和建筑的新愿景，以及为一个全新世界的居民打造新的世界。建筑学代表希望和乐观。这就是建筑学的承诺。

奥地利建筑师们的创意传播到了世界各地，从东亚流传到欧洲、中东、非洲、中南美洲。同样，我们的国外同行的设计作品也在奥地利建造。奥地利重构了世界各地的建筑艺术和城市塑造。外国建筑师们重构了奥地利的建筑和城市，实现奥地利出口，奥地利进口，是名副其实的新建筑学"正在建造中"。

这种创意的贡献和开放性的吸收的双重能力可能是奥地利建筑师们的重要优势，也是2010年在威尼斯奥地利展馆展示的设计方案的主题。

优秀的奥地利文化是"在建"的文化——重新吸收、重新评估、重新构想文化的意义。这种连续的探索从未仅仅表现为已建作品的单一系统。相反，建筑学展现了很多强大的其他愿景，而这些愿景反映了有关优先权的持久性辩论。建筑学是诗歌？建筑学是社会学？建筑学是文化？建筑学是城市特征？建筑学是各种可能性的综合体？

建筑学和城市化能够推进文化、重新丰富社会学和探索技术。在其他国家工作的奥地利建筑师以及在奥地利工作的国际建筑师正在创造研究性作品，这些作品将从美学、技术手段、艺术或媒体同建筑之间的关系、排序和组织策略以及其他能源系统方面挑战传统形式。建筑师们还努力重构传统上管理现代城市的系统和方法——交通、住房、自然资源的利用；社会、经济和政治问题与城市形式的关系；引进概念与当地习俗、传统和愿望的结合。

在2010年威尼斯双年展上，采用该设计方案的奥地利展馆表现为一个"在建"的脚手架支撑的建筑，展示了一种国际设计和正在进行的施工过程。

我们提议在展馆入口立面的整个长度上安装模板支撑的开放式脚手架，以表现一座处于在建中途的建筑。同样，在展馆的内部，我们打算在整个入口空间和两边的侧翼安装额外的开放式脚手架。

项目地点 / 意大利威尼斯
客户 / 奥地利联邦教育、艺术和文化部
面积 / 929平方米
竣工时间 / 2010

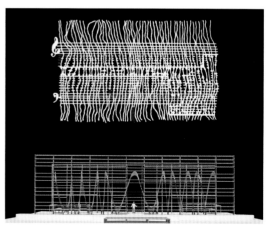

结构图

152

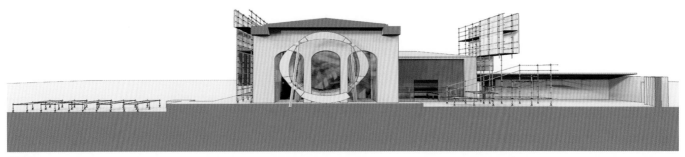

剖面图

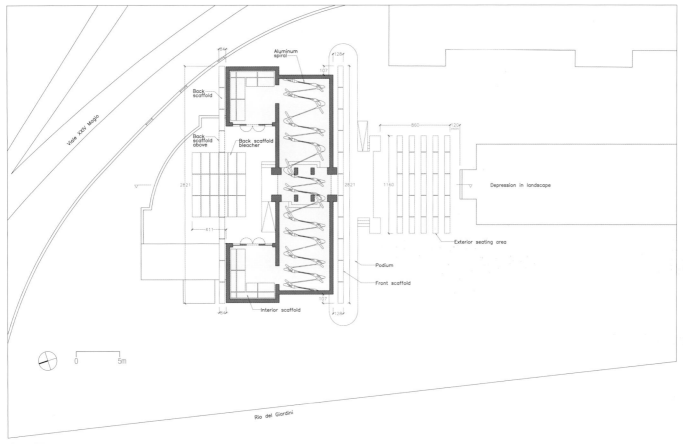

总平面图

奥地利展馆的展览目标是利用一种想象的设计手段，来传达世界各地的现代奥地利建筑和城市设计最富想象力的远景。同时，对现代奥地利而言，此次展览既是一种独特的建筑人才的储备，也表现了一种对吸收外国建筑创新的新精神的关注和欢迎。

跳舞露台

装置艺术"跳舞露台"是"制造"展览会的一部分。"制造"展览会由纽约现代艺术博物馆、圣弗朗西斯科现代艺术博物馆以及俄亥俄州哥伦布卫克斯那艺术中心联合主办。这三个地点分别展示了四个项目。其中，"跳舞看台"就在卫克斯那艺术中心展出。总之，"制造"展览会展示了由12个建筑师独自设计的多个全尺寸建筑结构。

"跳舞露台"对以网格作为结构顺序、空间顺序和组织顺序的基础的建筑概念提出了质疑。由彼特·艾森曼设计的新卫克斯那艺术中心是对网格衍生空间的一种全面探索。在"跳舞露台"安装的地方，一种常见平面或剖面的网格，以及经过各种折叠或弯曲的相同网格，表现了卫克斯那画廊内部和外部的形式和空间。从抽象概念看，网格无论是作为城市平面或一种幕墙，都是一个平等甚至是中立的系统，而不是一个层级系统。从本质上，网格没有中心。"跳舞露台"项目提供了一种有别于网格秩序的选择。因此，"跳舞露台"对展品所在大厅的设计前提提出了挑战。

"跳舞露台"最开始是由一系列曲线构成的形状，从这种基本角度看，它提供了画廊空间不能提供的东西——中心的概念。作为基于网格的画廊空间顺序的另一种选择，"跳舞露台"是一个由座位构成的同心环，环绕舞台的中心或焦点进行组织。环形结构与画廊结构的连接临时改善了网格的专一状态。

座椅的弧形钢支架的组织表现了一个唯一的平面中心。因为设计必须融入画廊的分配空间，所以座椅的传统布置方式不再适用，传统概念也不再适用。只要表现出坐着的观众、阶梯式钢管和概念中心的假想表演者就已经足够。

尽管在规模和建筑类型方面具有极大的不同，"跳舞露台"和杰弗逊大厦（参见包装大厦）之间却存在着一种重要的联系。杰弗逊大厦位于洛杉矶，它采用一种挑战传统网格结构和幕墙的结构类型，像在卫克斯那艺术中心一样，它显示出同心结构既不像传统柱子，也不像梁，而是同时类似柱和梁。它是作为周围几何结构的核心的唯一中心。这两个项目——展品和大厦——大约同时设计于1998年。

项目地点 / 美国俄亥俄州哥伦布卫克斯那艺术中心
客户 / 卫克斯那艺术中心
竣工时间 / 1998

模型

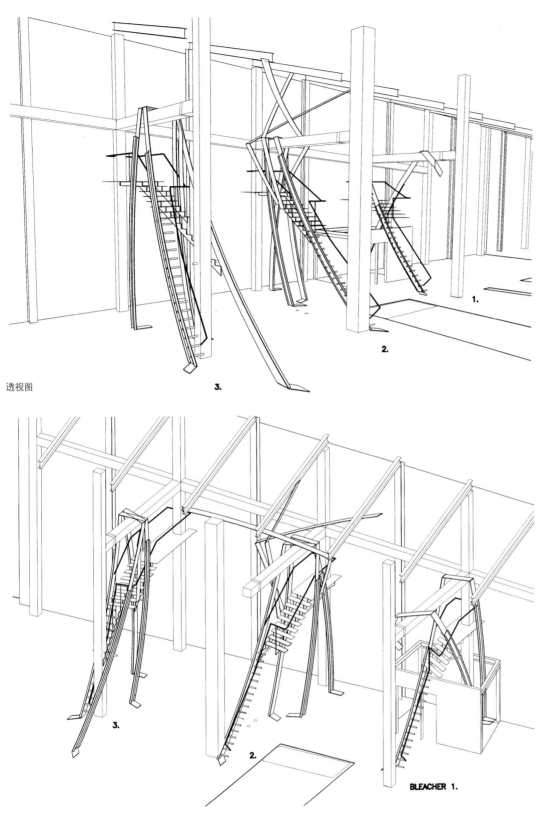

透视图

1.

2.

3.

轴测图

3.

2.

BLEACHER 1.

毛虫

"观看"是布恩儿童画廊第二个由LACMA实验室设计的项目。LACMA实验室是洛杉矶县美术馆的一个实验研究和开发组织。

该展览通过提出问题并挑战期望、概念和视点的概念，探索了"观察"的概念。九位洛杉矶艺术家受委托创作展现了各种观看方法的参与性装置，利用永久收藏作为一种资源、跳板或刺激，以吸引观众参与。艺术家的任务包括两个具体条件：一，艺术装置应结合收藏品中的一个物品；二，它必须同时对儿童和成人具有吸引力。

该项目通过语言的具体形式探索了图像和词语之间的关系。一条11米长的可通行"毛虫"在画廊的结构元素中间蜿蜒前行。它是用透明硬蜂窝纸板制作的，而蜂窝纸板覆在四根坚固的硬纸板肋片上。肋片设计成不同的高度，最高达5米，带一个胶合板平台，平台在建筑结构中倾斜而上（或下）。在每根肋片下，架高胶合板地板中嵌入了一个小圆筒印章。印章来自LACMA永久收藏品，放在被灯光照亮的镜碗中。印章印出的图案被放大印刷在第一根和最后一根肋片上，延伸到了画廊地面。从外面看，里面游客的腿变成了毛虫的腿，从而使整个建筑鲜活起来。

项目地点 / 美国加利福尼亚州洛杉矶县美术馆
客户 / 洛杉矶县美术馆
竣工时间 / 2001

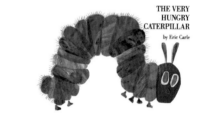

模型

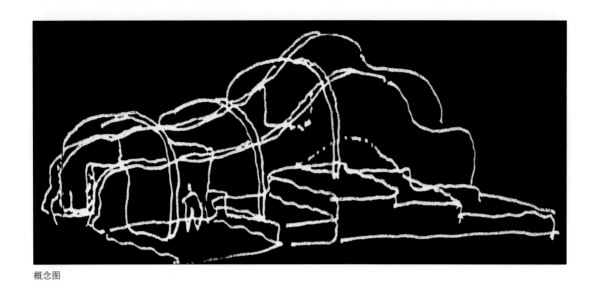

概念图

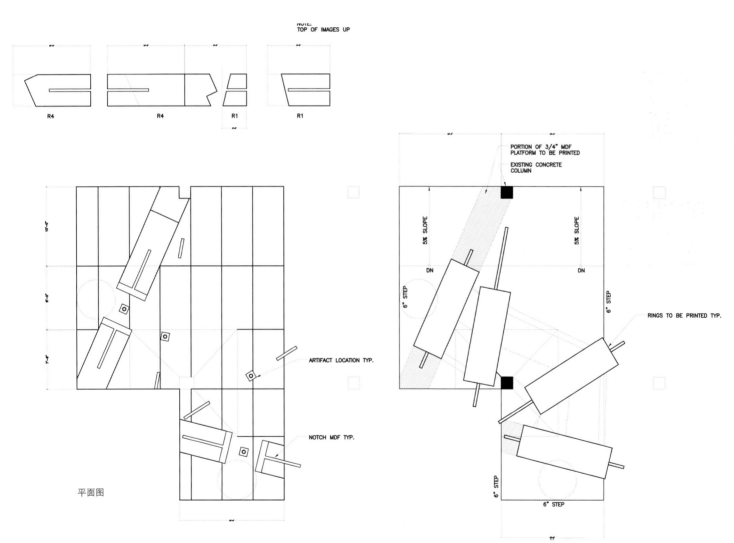

NOTE:
TOP OF IMAGES UP

R4   R4   R1   R1

PORTION OF 3/4" MDF
PLATFORM TO BE PRINTED

EXISTING CONCRETE
COLUMN

5% SLOPE   5% SLOPE

DN   DN

6" STEP   6" STEP

RINGS TO BE PRINTED TYP.

ARTIFACT LOCATION TYP.

NOTCH MDF TYP.

平面图

6" STEP

6" STEP

"如非现在，何时？"

包装大厦中的带状装置是在1988年与卫克斯那艺术中心展出的"跳舞露台"同时设计的。这个装置对以网格作为结构顺序、空间顺序和组织顺序的基础建筑概念提出了质疑。由彼特·艾森曼设计的卫克斯那艺术中心是对网格衍生空间的一种全面探索。从抽象概念看，网格无论是作为城市平面或一种幕墙，都是一个平等甚至是中立的系统，而不是一个层级系统。从本质上看，网格没有中心。

"跳舞露台"最开始是由一系列曲线构成的形状，从这种基本角度看，它提供了画廊空间不能提供的东西——中心的概念。环形结构与画廊结构的连接临时改善了网格的专一状态。

包装大厦也采用一种挑战传统网格结构和幕墙的结构类型，暗示这种同心结构环——不像传统柱子或梁，而是类似柱梁的结合体——是作为周围几何结构的核心的唯一中心。

建于2009年的"如非现在，何时"装置重新审视了卫克斯那艺术中心展览馆的内容以及包装大厦的前提条件。无处不在的网格被设计成一个金属盒，像一层概念金箔一样悬挂在画廊屋顶上。条带和盒子相互缠绕，重新编制网格。条带的形式语言暗示了一个中心或多个中心的前景，无论是否能在装置中找到这些中心。展览会主办方将铝制盒升高，并固定到画廊屋顶上，用等离子切割铝带将它缠绕起来，而铝带形成了构成几何和空间创造顺序的曲线。

固定的盒子突出了正下方的演讲区。演讲区周围是直角相交的成排旧椅子，为人们聚会提供了固定座椅。这些座椅很可能没人坐。如同"跳舞露台"一样，人们并不一定会在此集会。

项目地点 / 美国加利福尼亚州洛杉矶、奥地利维也纳
客户 / 南加州建筑学院
竣工时间 / 2009

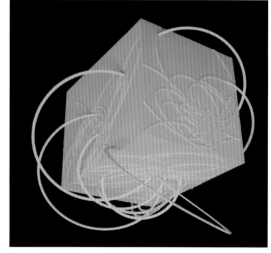

模型

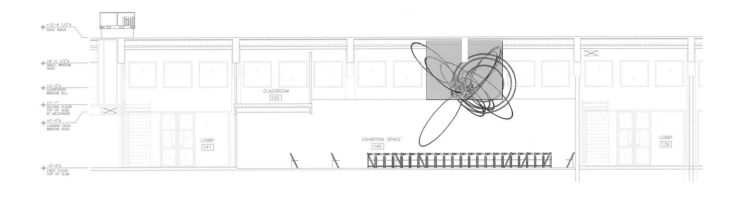

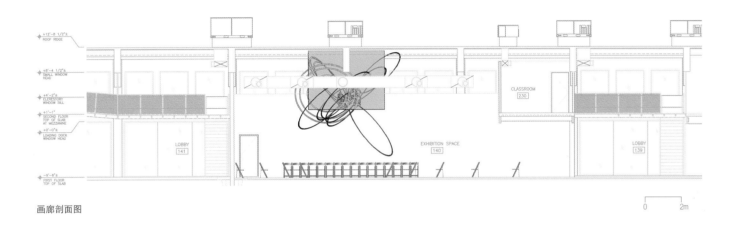

画廊剖面图

0　　　　2m

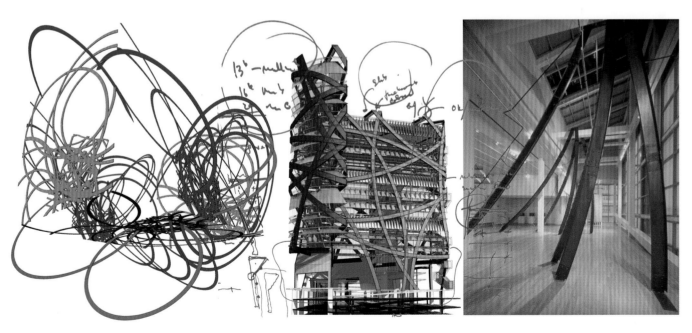

带状结构演化过程

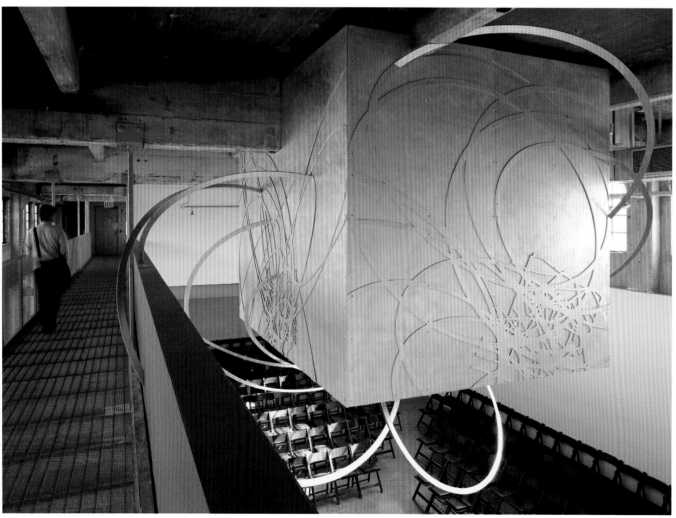

包装大厦

原杰弗逊大厦项目——两座712米高的高层大楼及停车场——在1999年获得了洛杉矶市规划局以及洛杉矶市政府的批准。当时，它是南洛杉矶区唯一一个高层建筑提案。该项目承载着改建一个过于贫穷、存在各种社会问题的地区的愿望。该项目的概念方案是结构性的，且在不断更新。一个由曲带构成的连续系统，既非梁，也非柱，将两个相邻的盒子——在平面上形成T型——包了起来，构成了一个完全开放、无柱妨碍的内部空间。

2006年，该大楼项目被当作一座独栋大楼而重新启动。项目恢复的一个主要原因是地面通勤轻轨系统的建立。该系统从市中心延伸至市中心南部的南加州大学，再向西沿着杰弗逊大道通往杰弗逊大道和拉辛尼伦吉大道交叉处的一个车站，然后继续向西前往圣莫尼卡。这个交叉处是洛杉矶南北和东西主交通轴线的一个重要交叉口。该项目现场位于轻轨站西北面一个街区之外的地方，毗邻轻轨路线。轻轨在此向北延伸，在现场西面几个街区之外，还有一个车站。

因其本身的高度以及现场周边相对较低的建筑，该项目既是原本只有不到14米高的天际线上的庞然大物，也为办公楼的租户们提供了欣赏远景的机会。这些机会是恢复和重新设计这座建筑极具说服力的辩词。

新建筑和新客运铁路及轻轨站很可能成为南洛杉矶复兴的重要象征。

新建筑每层楼的楼面板面积达1858平方米，以0.6米×1.5米、内部填充混凝土的弧形钢管飘带为支撑。飘带系统位于楼层外面，所以楼层内部全部开放、富有弹性。飘带在大楼底部构成了一系列相互交叠的双曲线混凝土支护墙。支护墙以几何形式将盒子一个立面上的飘带与反面的飘带连接起来。

与大多数建筑结构提供传统的单一楼间距不同的是，该项目向其租户们提供了三种可选择的楼间距，一种是4米，一种是5米，还有一种是7.3米。7.3米的楼层共有三层，可在其中修建玻璃封闭的隔音夹层。

项目地点 / 美国加利福尼亚州洛杉矶
客户 / 塞米陶建筑公司
面积 / 17001平方米
竣工时间 / 1998

模型

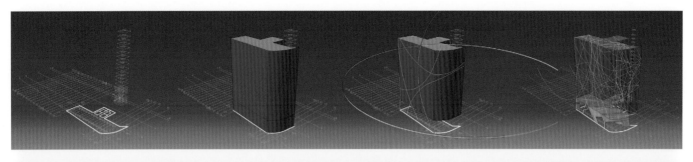

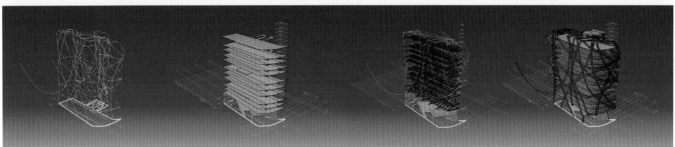

结构模型

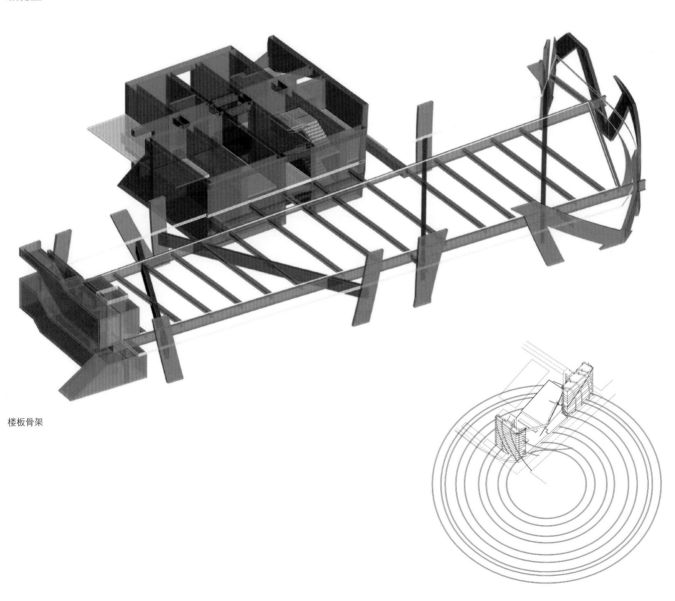

楼板骨架

华纳停车场和零售商场

位于华纳路8511号的原铺砌面停车场多年来一直是连接大楼的主停车场。现场拥有面临华纳路的大型正面，具有两个车辆出入口。此外，现场位于加州大学洛杉矶分校校区的正东面，杨柳社区学校的正北面，因此上午和下午的交通异常繁忙。此外，现场毗邻到处延伸的铁路调车线，而调车线经常被步行者用作一条通行路线。

华纳路8511号的停车场和零售商场将为新区域商业提供停车空间。该项目将提供零售空间和该区目前短缺的餐厅，以为当地居民和商业群体服务。

将原工业建筑转变成繁忙的创造性办公空间并增加新办公结构，需要增加大量的停车空间。新停车场将提供800个额外车位。

除了停车场外，3716平方米的零售空间和929平方米的餐馆将位于一栋由五面构成、三层楼高的开放庭院内。三层楼的零售空间和三层楼的庭院结构大约位于停车场上部楼层的中心位置。两个整楼层将用作停车场。人们可把车停在这两层楼后直接前往零售楼层，也可利用楼梯和电梯前往，因为楼梯和电梯将所有停车楼层与所有零售楼层的步道和天桥连接了起来。

庭院南面敞开，西面、北面和东面被封闭零售空间的倾斜玻璃幕环绕起来。步行者可通过华纳大道的一个入口天桥进入庭院，并直接从街道进入零售区。车库也可直接从华纳大道进入。

232平方米的庭院位于街道下方4米处，与天桥和步道连接，上方是玻璃屋顶和天空，可用于露天展览和举行小规模表演。庭院空间和天桥的部分以水平玻璃片遮盖，用18根跨越下方庭院的桁架为支撑。桁架的顶弦采用钢管；底弦是钢缆；竖向受压弦为夹层结构玻璃圆柱。电缆下方共有196根玻璃圆柱，每根直径61厘米，长度从1.5米至4.3米不等，就像悬挂往庭院上方的一片透明玻璃管。

顶楼零售层采用草皮屋顶，能减少供暖和制冷负荷，同时也是一个小型屋顶公园。

项目地点 / 美国加利福尼亚州卡尔弗城
客户 / 塞米陶建筑公司
面积 / 4645平方米
竣工时间 / 在建

庭院结构图

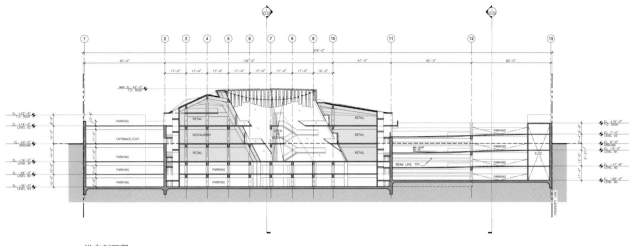

纵向剖面图

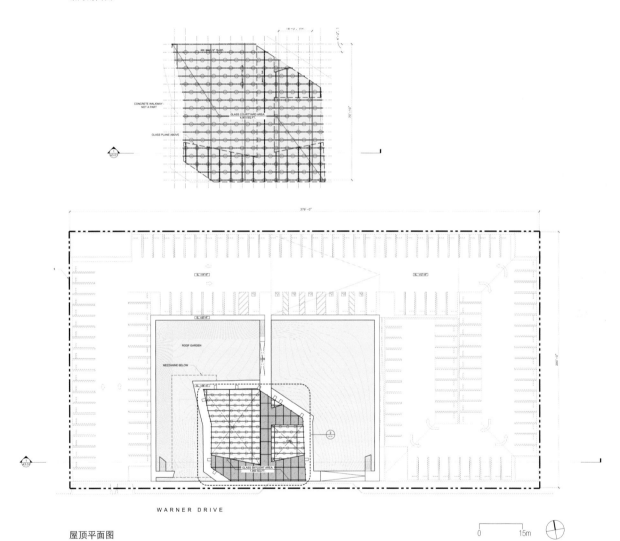

WARNER DRIVE

屋顶平面图

0   15m

华纳停车场和零售商场

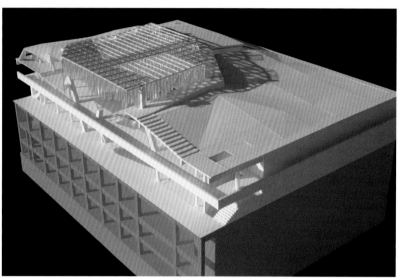

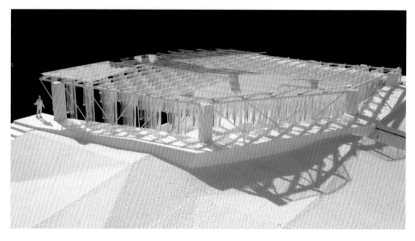

贝索思河热电厂改造

这座前热力发电厂建于1976年，并于2011年停用，其位于地中海岸边，即巴塞罗那市中心的北面。发电厂的三个混凝土烟囱和锅炉房计划将被重新利用，剩余设施将被拆除。这些烟囱每个高达200米，是巴塞罗那市最高的建筑。

重新规划的现场将包括众多公共功能区，包括展馆、剧院和观众台以及一座酒店、多家餐馆、居民楼和办公空间。

根据市政府对回收和再利用这些特别的原建筑结构的要求，该项目构思了一个新的大型公共聚会空间。原锅炉房是一个庞大的棚屋，曾用于放置重型机器，如今拆除了覆面，被改建成了一座多层会议厅，并带有众多展厅和会议室。

在一楼，原冷却液池从海边开始，穿过建筑，最终延伸至新剧院。潮水的涨落用锅炉房的涡轮机组控制。涡轮机组能将圆形剧院的水位控制在一定高度，并在放水时发电。原吊车被改建成咖啡馆平台，跨越现场，架在新防波堤支撑的被延长的轨道上方。后面的剧院是用类似防波堤的混凝土结构构成的，坐落在一个土堆之上，包括剧院主体和广场。

发电厂周边的土地经过了清理，并开发成一个住宅区，正好利用了现场北部边缘的现有公交路线。

项目地点 / 西班牙巴塞罗那
客户 / 巴塞罗那市政府
面积 / 181710平方米
竣工时间 / 在建

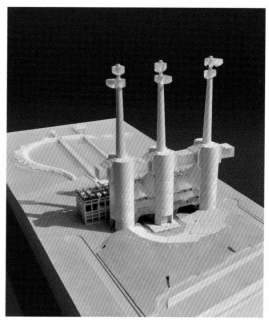

模型

总平面图

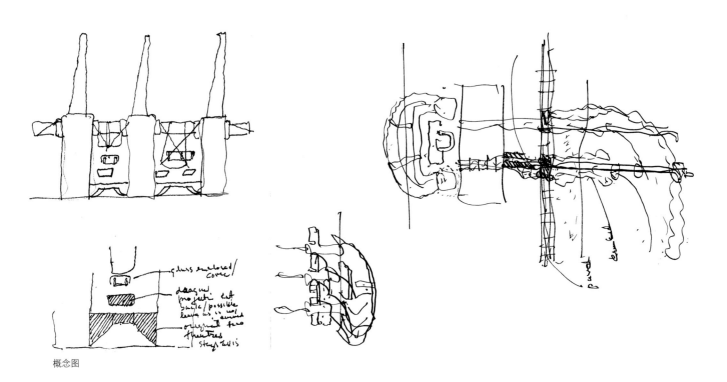

概念图

帆桅城

原南太平洋铁路公共用地的垛壁构成了帆桅城的界线。帆桅城项目始于国家大道，沿逆时针方向绕过开发区，然后向东通往巴罗纳溪。垛壁的特别形状因周边修建的工业建筑而更加突出，而且许多垛壁还构建成弧形，以避开收进区。

这片公共用地向国家大道南面分出一条岔道，通往国家大道和海登大道交叉处的正西面。它最开始是位于3505号海登大厦后面的一大片开放空间，随着3535号大厦和3555号大厦后面的与之平行的海登大道往南走，空地越来越狭窄。而抵达海登大楼现场后，空地绕了一个大弯，转而向东。它从这里横穿海登大道，继续在华纳剧院后面延伸，并与华纳路平行。在该现场东面，这条公共地带突然分出两条在建筑中穿梭的直角相交的巷道。然后，又开始绕一个大弯转而向北，接着跨越伊斯特汉路。在这里，它再次超越边线，变成了伊斯特汉路边的一大块空地。这块公共用地的最末端是帆桅城大桥，后者横跨巴罗纳溪和卡尔弗城与洛杉矶的城界线。

这片公共用地，约15米宽，从国家大道一直延伸至巴罗纳溪，全长约805米。旧轨道穿越了一块在过去50年来一直是轻工业和制造业之家的区域。20世纪80年代，工业用户迁移到了海外市场，因为那里的房租和工人价格要低得多。

该区可能是众多落后的、或大或小的工业建筑群的一个原型，必须进行重新定义或重新发现它们的城市功能。

帆桅城的开发策略是重新定义该区，增加它的多样性，在可能的地方加强和激活原有功能和活力。该项目试图从头开始并复活原环境。这两个目标不能理解为相互冲突的想法，而是相互促进的目标。

地面公共用地本身将变成一个公园，通往公共用地两侧毗邻建筑的散步道，以及通向占用上空权的建筑和桥梁的垂直通道。城市公共用地将修建停车场，而公共汽车（可能重新利用旧铁路）将把工人送到沿途的各个目的地。

这个规划体现了平等主义和极权主义。它增强了原功能，减少了其他功能；它迷人、强势，但不强制邻居加入。它提出将一个衰落的区域转变成西洛杉矶区一个重要的民用设施，而且它将在不花费公款的前提下完成这个目标。

项目地点 / 美国加利福尼亚州卡尔弗城
客户 / 巴塞罗那市政府
面积 / 13936平方米
竣工时间 / 在建

模型

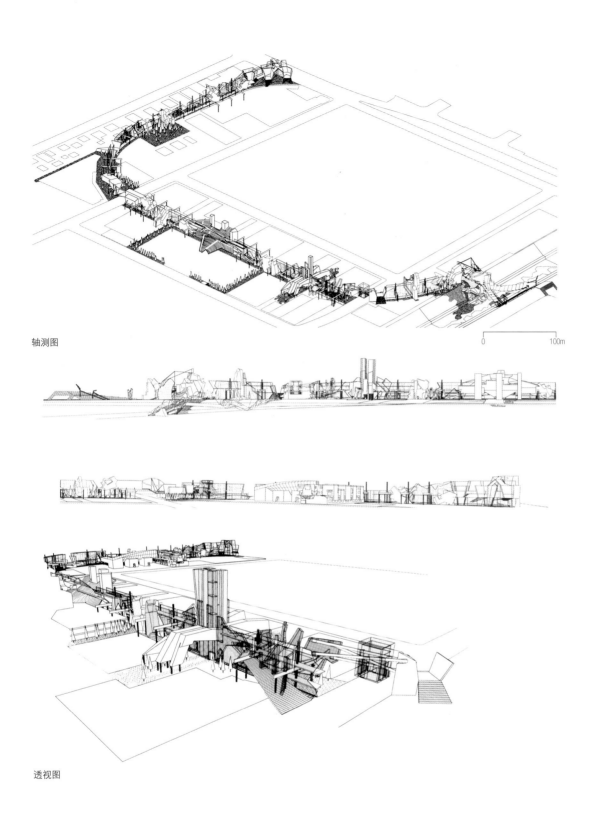

轴测图

0　　　　　　100m

透视图

帆桅城是一种概念，也是一种正式的设想。最终，它可能表现成碎片、整体，或一种经过改变但却未被确定的形式。

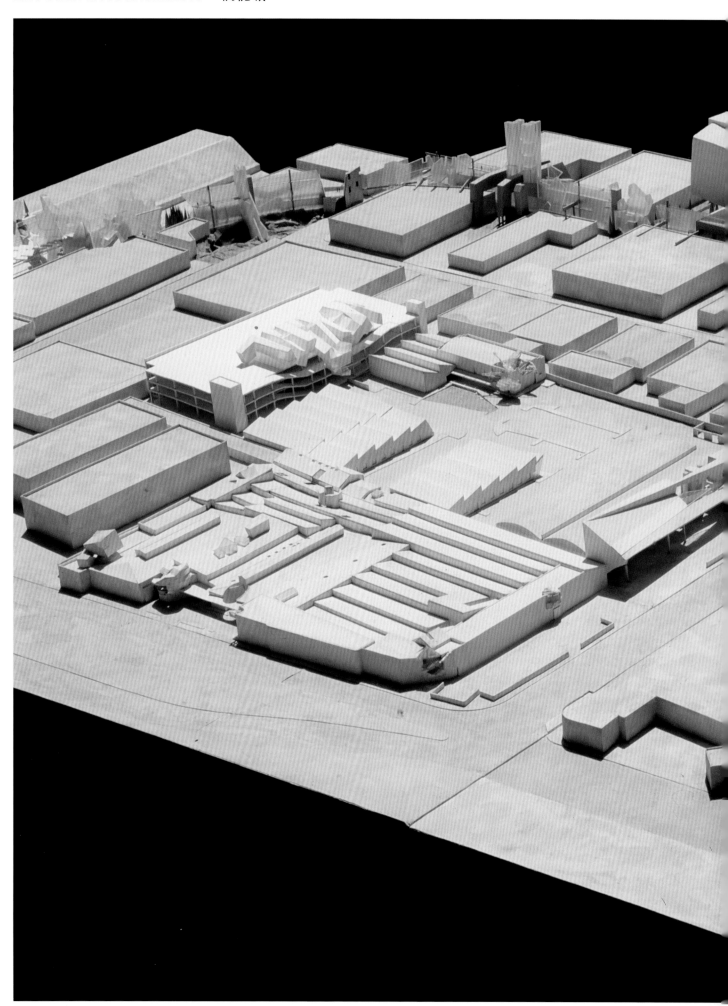

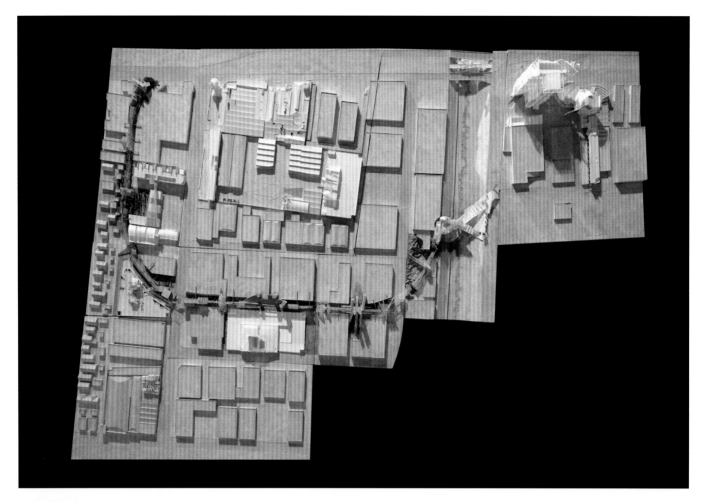

帆桅城大桥

帆桅城项目的终端直接毗邻巴罗纳溪。与国家大道沿线的步行桥一样，这里的帆桅城大桥试图将这条混凝土河渠的东西两岸重新连接起来，因为新城市准备再次将其范围扩张至河流的洛杉矶沿岸。

在河流西岸，公共用地的宽度增加了，形成了一个大型公共公园。这片公共用地的不同部分（支柱、桥梁和护墙）继续穿过公园，最终抵达河边的一个大型球形结构。这个球体被一个玻璃塔结构贯穿，开辟了一条前往河流的通道。一系列的步行通道吸引人们穿过球体，一览城市风光。

在混凝土河渠西岸球体所在的地方，设计师修建了一个大型出入口，使步行者可以下到河渠，前往新滨河公园以及自行车道入口。河渠的东岸坡上提供了新剧院座椅，为在滨河公园举办各种文化活动提供了便利。

两座阶梯式吊桥横跨河流，带有许多跨越混凝土河渠的大型活动平台和花园。桥梁的一条腿落在杰弗逊大道所在的同一平面上，另一条腿则跨过杰弗逊大街，将该区几个未来开发现场连接起来。

项目地点 / 美国加利福尼亚州卡尔弗城
客户 / 巴塞罗那市政府
面积 / 1858平方米
竣工时间 / 在建

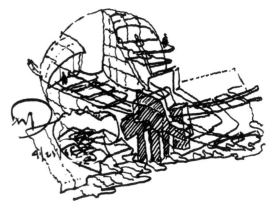

概念图

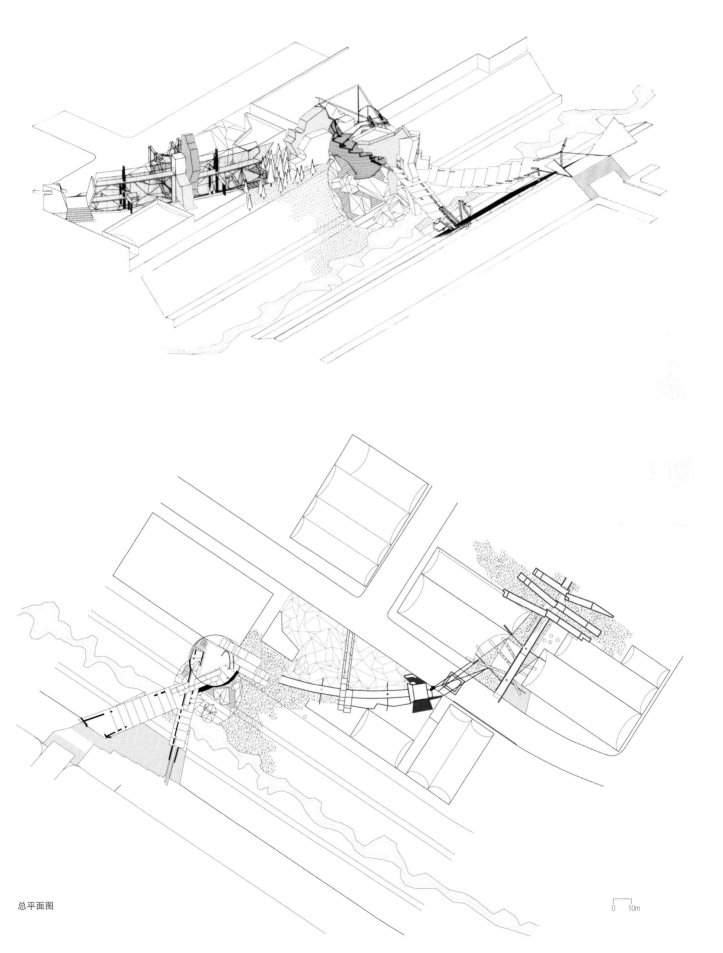

总平面图

ERIC OWEN MOSS ARCHITECTS

史密森专利局大楼

华盛顿特区专利局大楼的重新设计为史密森学会创造了一个机会，它通过在该建筑的历史上增添现代设计篇章，重申这座建筑在学会和建筑中的独特地位——美国工业艺术的殿堂。

意外的是，该建筑的原用途——展示美国发明家申请专利时提交的模型——象征着一种提高技术和艺术的精神，而新庭院从原结构中继承了这种精神。

封闭专利局大楼庭院的屋顶设计采用了前所未有的技术：众多密集的、长度不一的垂直玻璃管形成了一大片闪闪发光的玻璃幕墙，创造了一种不断变化的光线与天空的景观。复合结构再次突出了原庭院在史密森规划中的重要地位——构成新"大房间"，边缘的原花岗石和砂岩墙如今被玻璃管阵列封闭并遮盖了起来。

玻璃管区是一个庭院，这个围合结构为史密森规划增加了内部多功能空间，同时为在大房间里可能举办的各种活动提供了结构性、技术性和筹划服务。

因为竖向玻璃管的长度从头到尾、从一侧到另一侧均有所不同，故827个相邻的端点形成了一个双弧形表面。玻璃管的不同长度以及两个弧形顶面（玻璃棒端点形成的）的交叠是由两个假想的隔音吊顶决定的，位于大房间里两个首选表演地点的上方。

玻璃管的空心圆筒形状创造了众多的照明机会。从玻璃管中摄入的自然光随着天气、阳光和月亮在周围天空的变化而在昼夜交替中有所不同。从电力照明看，玻璃管顶部的灯光可向下照射，玻璃管底部的灯光可向下或向上照射。灯光还可以从玻璃管顶部向上反射，以天空为幕布，在夜空中创造出一片熠熠生辉的景象。

该结构系统由四个钢空腹桁架构成，跨距较短，且这些桁架承载了主要荷载。

与主桁架结构垂直的是次桁架结构，后者的主要结构特点是承压夹层玻璃管。底弦是垂悬的电缆，电缆穿过在下方延伸的圆筒。上弦是钢管，同时支撑承载水平玻璃屋顶的直棍。该项目中将夹层玻璃视为承压支柱的概念是前所未有的。

项目地点 / 美国华盛顿特区
客户 / 史密森学会
面积 / 3716平方米
竣工时间 / 在建

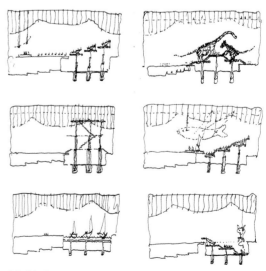

功能分析图

198

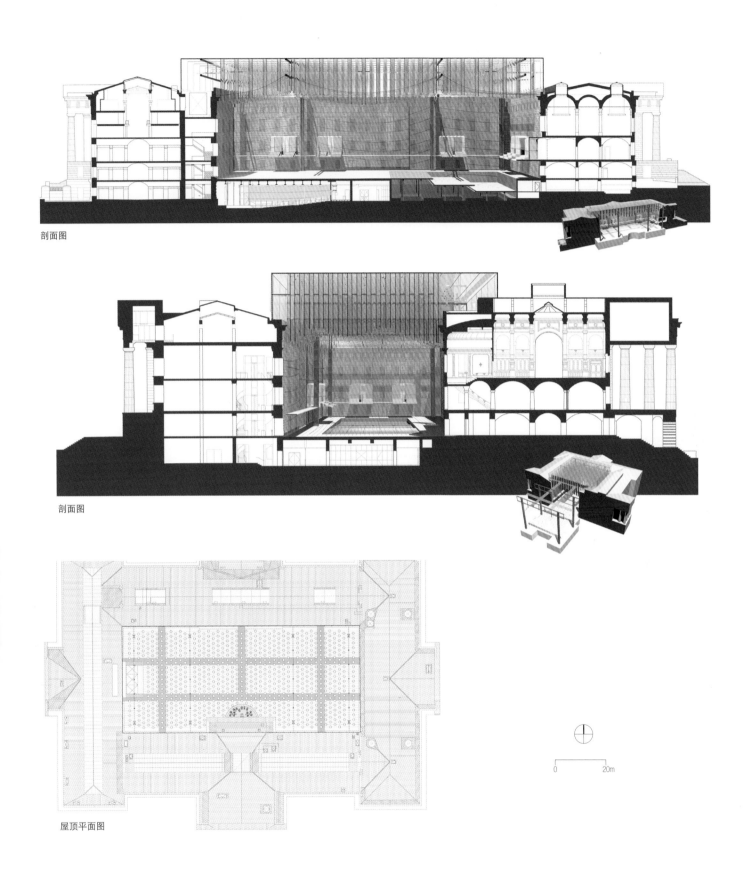

剖面图

剖面图

屋顶平面图

0　　　　　20m

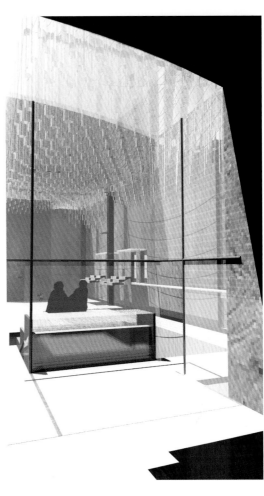

威海观景塔

威海观景塔是中国威海黄海沿岸的一个新总开发规划的一个重要部分。观景塔现场位于一座小山之上，比邻一个新修海港，将成为新开发区的灯塔以及观看城市、群山和大海的观景塔。

塔底的土地被挖空，以修建新展厅，零售区也将设置在这座140米的高塔底部。展厅的屋顶用挖出的土壤覆盖，以构成小山，并在展览区上方提供一个新户外表演场地。

观景塔的中心是混凝土楼梯和电梯。电梯位于一个直径达12米的结构"网"中。在塔底，塔的横截面变宽变长，以适合山顶的边缘形状。结构网的外面包覆一层结构性鳞片，以减少结构网构件的尺寸，同时将系统绷紧，防止变形。

在塔的半腰位置，有五层楼的办公空间向海面探出。这些楼层与塔的核心连接，并以结构鳞片为支撑。塔顶的两层楼包括观景台以及能够观看天际线的餐厅。

项目地点 / 中国山东威海
客户 / 威海市政府
面积 / 4300平方米
竣工时间 / 在建

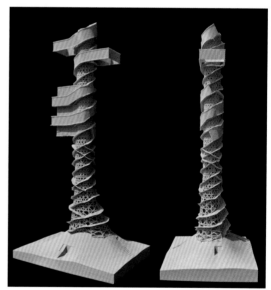

模型

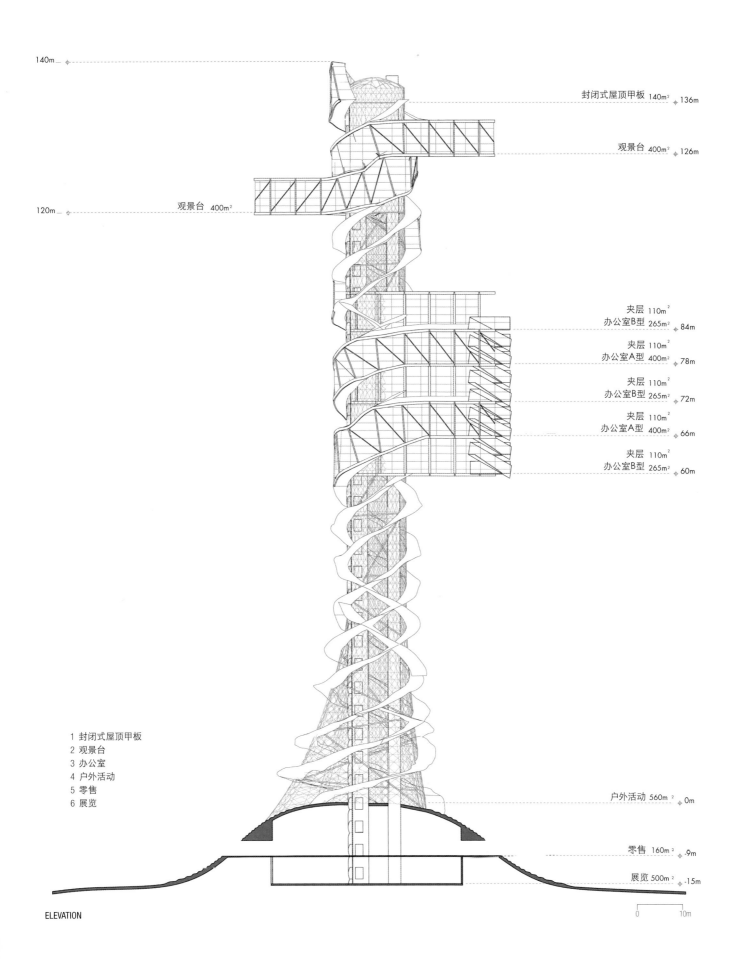

140m —

封闭式屋顶甲板 140m² ⊕ 136m

观景台 400m² ⊕ 126m

观景台 400m²

120m —

夹层 110m²
办公室B型 265m² ⊕ 84m

夹层 110m²
办公室A型 400m² ⊕ 78m

夹层 110m²
办公室B型 265m² ⊕ 72m

夹层 110m²
办公室A型 400m² ⊕ 66m

夹层 110m²
办公室B型 265m² ⊕ 60m

1 封闭式屋顶甲板
2 观景台
3 办公室
4 户外活动
5 零售
6 展览

户外活动 560m² ⊕ 0m

零售 160m² ⊕ -9m

展览 500m² ⊕ -15m

ELEVATION

0   10m

第一公园和百老汇公园

该公园设计包括两种重要的地貌或者地形，一种是随附原斜坡，一种是从北向东南延伸的缓坡。第一种类型，即展览区，所代表的现场部分具有从斯普林、百老汇和格兰德公园前来的直接步行通道。地面铺设风化花岗石。展览区包括文化教育设施的建造、组装和参观，以及各种展馆。

第二种地形是一片远离自然斜坡的植树景观，为游客提供了其他地形和功能选择。展览区是一个连续材料表面。实际上，景观区提供缓坡、平原、凹坑和阶梯式地形——土地塑造方面的一次冒险。步道交叉穿行于景观之中，没有惯用和规定的图案，反而形成了通过现场的一条探索性道路。道路宽度不一，方向各异，为在不同的时间探索土地表面创造了一条发现之路。起伏的地形具有一种不可预测感，不是我们所熟悉的公园，而是吸引我们去发现的公园。

景观下方有一个大餐馆，人们不仅能够选择在室内或庭院用餐，还能从第一大街或直接从公园前往。

在斯普林大街上，现场东边市政厅的正对面是一个大型遮蔽性画廊。其旁边有多个户外展览区。展览区或完全遮蔽，或部分遮蔽，人们可在这里聚会、创造艺术和雕塑。展览区之间是风化花岗石铺设的大片地面。

风化花岗石表面为修建展馆提供了一个弹性工作区，方便了货运和服务，允许开展对修建临时建筑而言非常重要的墙面或场地安装和组装活动。

现场南端的景观有一座公共活动建筑，框住了北面风景。这座活动建筑可与餐厅和展览区联合使用，以举办私人和公共活动。活动凉亭表面将安装投影屏。绷紧的白色表面将为站在或坐在公园及其他地方的观众进行大规模媒体放映提供便利。

"捉迷藏森林"似乎是一个结合立杆和小棕榈树的综合体。立杆和树木形成的狭窄混合带大致位于南北方向，向北通向格兰德公园，或向南通向餐厅。小棕榈树和长度固定的立杆并置，游客在多次游览公园时，可通过比较棕榈树和立杆的高度来见证时间的流逝。

项目地点 / 美国加利福尼亚州洛杉矶
客户 / 洛杉矶政府
面积 / 7432平方米
竣工时间 / 在建

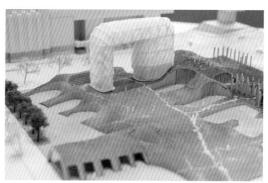
模型

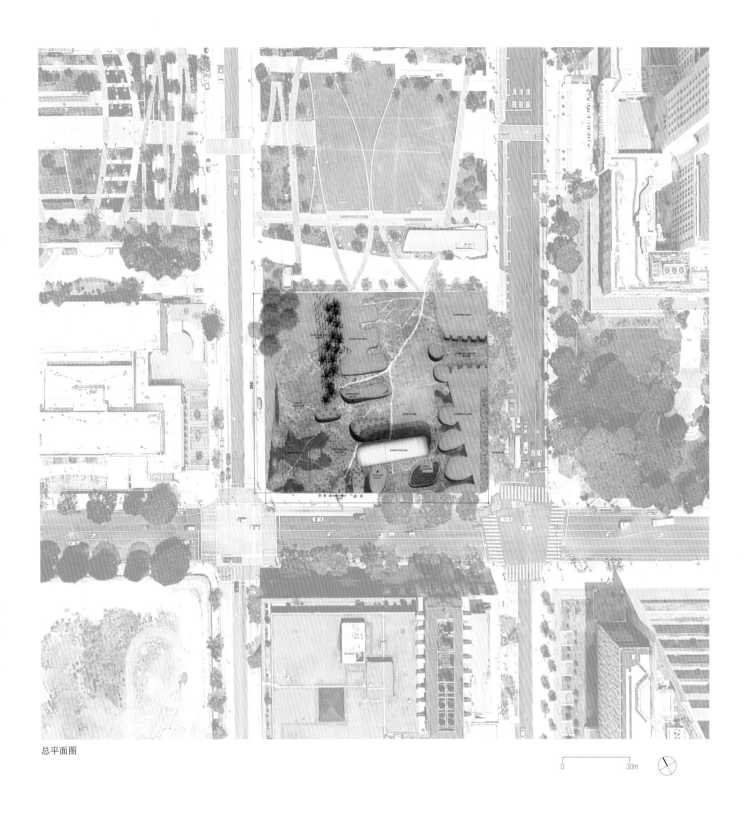

总平面图

0　　　30m

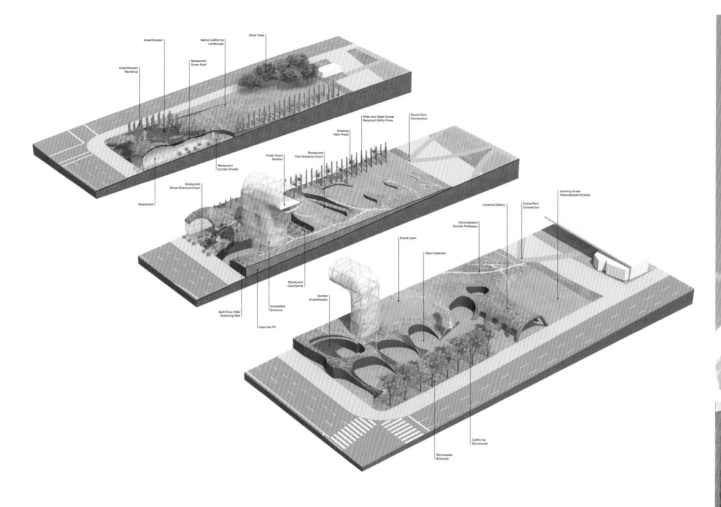

俄罗斯联邦储蓄银行科技园

斯科尔科沃创新中心是俄罗斯莫斯科目前正在开发的一个高新技术商业区。该综合设施创建了一个由国际科学和技术公司构成的社区，类似于美国的硅谷。该综合设施被划分成五个不同的区域。俄罗斯联邦储蓄银行科技园位于公园的南入口，将成为莫斯科城的一个地标。

项目现场由两个分开的地块构成，地块之间隔着一条往返大巴的行车路线。该项目将分布于整个现场，并细分成一系列相互连通的单元，以缩小规模，同时在现场维持一个统一的组织结构和步行通行系统。

访客一进门就能看到一系列的媒体大楼、阶梯式景观和一条通向建筑大厅的清晰路线。简便通行是科技园的一个主要设计元素，可方便团队之间的合作和信息交流。步行交通优先，并成为了项目设计的组织目标。外部交通流通过各种方式与科技园连接，但却不会细分科技园。

该项目与自然具有紧密的联系。花园环绕在科技园周围，既可用作公共空间，也可作为办公区。项目边缘是一系列阶梯式铺石广场和园林。半公共区成了周边自然景观和科技园之间的过渡带。办公区内的开放庭院为工人提供了户外休息区和运动区。建筑内部和周围结合景观，使得居民和来宾能够将他们的工作区扩展到室外，如在寒冷的月份里，可以与自然建立一种视觉联系。

建筑内部通行路线环绕整个现场，以一条蜿蜒的散步道将分散在项目各处的办公模块连接起来。多楼层结构是该项目的主要公共活动区，它在竖向和水平方向上将办公室、展示区、会议室、零售区、谈判室以及其他主要规划元素连接起来。

弹性模块办公室开间可以进行简单的重新布局，以适应面积的变化或项目团队的重组。

每个办公区都拥有一个重要而不同的视野。从办公区通过内部庭院可欣赏户外风景：周边玻璃；夹层的大窗户；从会议楼看到的广阔的高视角风光。此外，还有连续不断变化的面向开放中心枢纽区的风景，而中心区则通过内部通行区来利用自然光。在办公区和中心枢纽区上方，一系列会议楼群向上延伸，提供了独立会议室和洽谈室，在这里还能够欣赏到周边公园的美景。

项目地点 / 俄罗斯莫斯科斯科尔科沃
面积 / 150880平方米
竣工时间 / 未建（参与竞标）

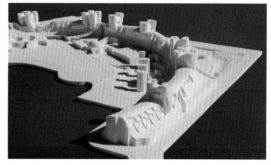

模型

North Elevation
Северный фасад

East Elevation
Восточный фасад

South Elevation
Южный фасад

West Elevation
Западный фасад

立面图

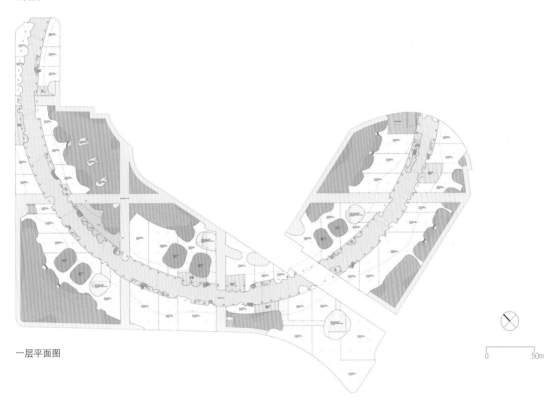

一层平面图

0   50m

共和广场

共和广场是哈萨克斯坦最大的城市阿拉木图的仪式和组织中心。竞赛场地位于该广场的西北部，周围是主要的公共、机构和行政大楼。从名义上看，该项目是一个多功能商业区：豪华酒店和会议设施、分契式公寓住房、办公空间、零售和公共空间以及停车场。因其巨大的规模以及显著的位置，该项目将成为这个新兴的富裕中亚国家的建筑象征。

阿拉木图气候夏季极其炎热，冬季极其寒冷。概念方案将共和广场与东面的"大会堂"连接起来，这增加了城市在恶劣的天气条件下举办大型公共活动的能力，还为广场提供了一个室内选择。

该计划需要将离散的高层建筑建组分群，每个群由不同的住房、办公楼、酒店或零售空间构成。设计方案是修建一栋单一建筑，街面层是大会堂，上方是五个独立的构件，这些构件最终融合成一个单一的结构。竖向顺序是：一栋建筑变成五栋建筑，然后再次变回一栋建筑。

从历史看，阿拉木塔是一个有时候会发生剧烈地震活动的地方。大堂会被设计成一系列拱形，而拱形相互连接成一个水平"弹簧"，以吸收横向地面力量。为了统一弹簧的运动，用一层电缆网将弹簧组件绑在一起。四个"照明"网塔在平面上约呈正方形，每个网塔的尺寸不同，均立在"网——弹簧"上。它们将阳光引进塔内，再射向下方的大会堂，因一年四季的变化而留下不同的光影图案。

现场地形向南逐渐升高，一直延伸至国家艺术博物馆。四座处于同一平面的分契式公寓大楼从大会堂向南穿越缓慢上升。北面，一个阶梯式土堆上的公共座椅与大会堂相邻。居民楼和土堆均在南北方向上具有横向抗震力。

主结构的位置最大程度的展现了两种壮观的景色：南面雄伟的天山山脉以及北面广袤空旷的中亚高原。

项目地点 / 哈萨克斯坦阿拉木图
客户 / TS工程公司
面积 / 80000平方米
竣工时间 / 未建（参与竞标）

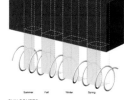

结构分析图

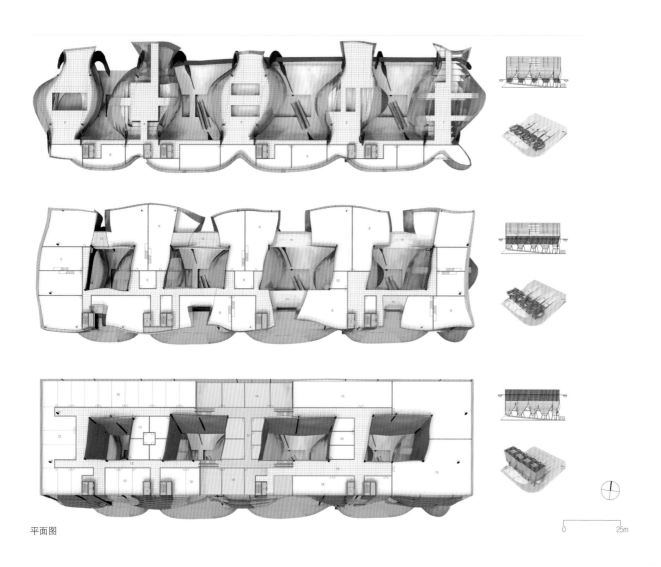

平面图

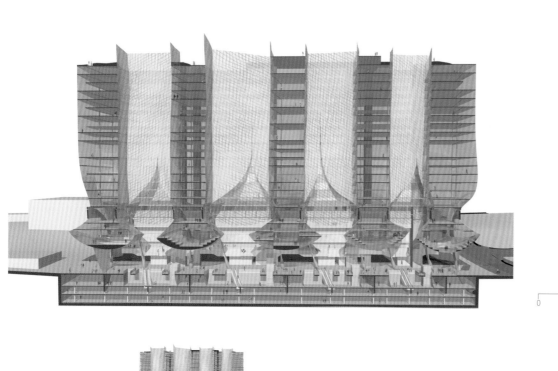

剖面图

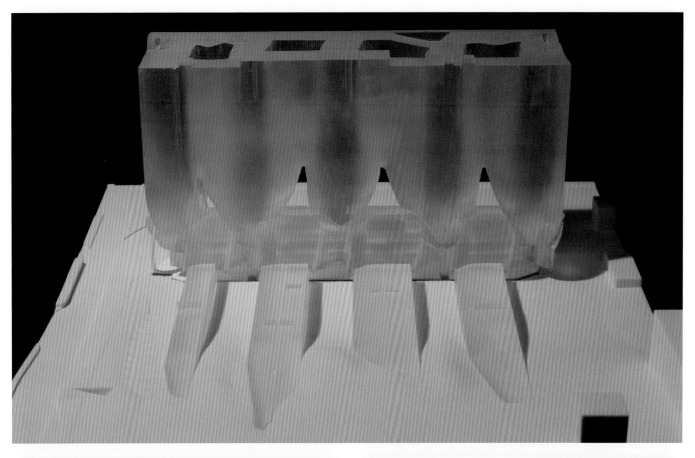

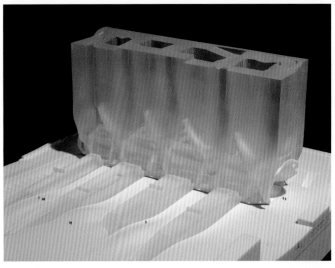

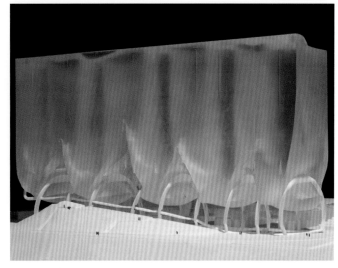

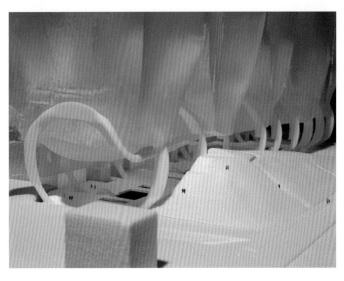

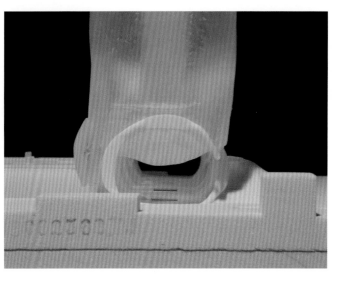

广东省博物馆

新广东省博物馆和剧院现场提供了一个独特的规划机会，以满足广州的快速发展，同时提供了一种独特的艺术和文化体验。

设计团队提出了两个概念设计比喻——四峰山和玻璃森林——来应对不断扩展的城市、文化艺术广场、博物馆现场和河流四者结合的情形。

四峰山的每个收藏品都放在各自的玻璃管或玻璃塔中。玻璃森林中间的艺术长廊引领游客前往位于四座玻璃塔中心的一个开放区。这是一个大型沉思和座椅空间，中心是步道和博物馆入口。

博物馆游客从沉思区进入穿堂层，那里有一系列跨越中心大堂的天桥和步道系统。中心大堂是一个弹性的多功能区，可修建大型临时展馆，或安装现场表演所需的舞台。

游客可从不同的视点、按不同的顺序参观收藏品。展品可单独欣赏，一座塔一座塔地参观，从竖向一个楼层一个楼层的浏览；或者按照主题区参观，沿着连接不同玻璃塔的天桥从一座前往另一座。每层楼都被分成公共通行区和聚会空间、自然采光展示区以及由人工照明、大小和数量不同的室内画廊构成的展览群。室内走廊是独立、可变的混凝土结构，从主走廊楼层向上延伸至玻璃塔的屋顶。

公共通行楼层提供了各种空间布局，可容纳众多形式的永久展馆、临时结构的展馆，以及不受自然光影响的电脑辅助监控器。室内走廊按正交形式组织，可以在网格上或之外的区域安装和拆除永久和固定展馆，也可以安装天花、墙体和地面照明设施。中间服务区可从公共通行区一侧和室内展览区进入。

项目地点 / 中国广州
客户 / 广州市政府
面积 / 40000平方米
竣工时间 / 未建（参与竞标）

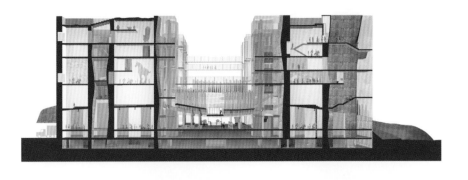

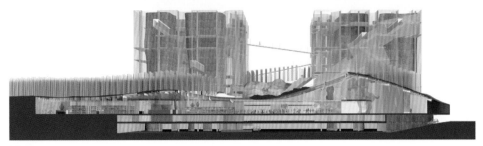

剖面图

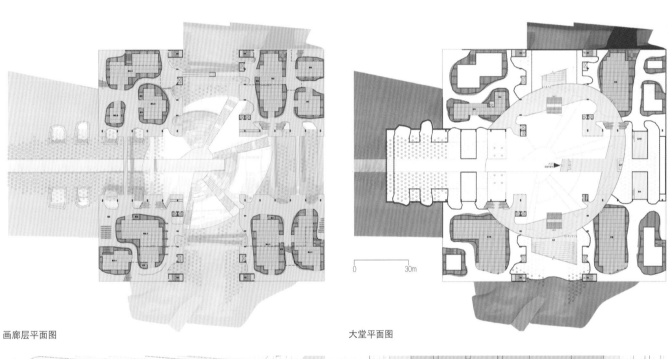

画廊层平面图

大堂平面图

0   30m

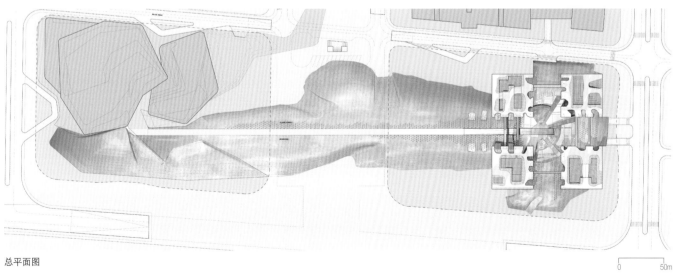

总平面图

0   50m

乔斯·瓦斯康塞洛斯图书馆

墨西哥图书馆的设计方案将周边街区的组织系统延伸至建筑内，因此展示了公共参与、交互式学习和展览机会的新愿景。

现场首先利用新建的图书路贯穿南北。周边街道延伸至现场，并与这条新街道相交，构成了图书馆的主要组织系统。

图书路的北端被挖空，使得圆形剧院逐渐向上攀升至布埃纳维斯塔火车站。临时座椅面向新街道，可设置在新剧场内，或者将展品安装在倾斜表面上。

在图书路的北端，发电站的一部分延伸到了火车轨道上方，以修建一个可欣赏大面积城市风光的餐馆。

修建新剧院所挖出的土壤可重新利用并堆积到现场西部边缘，创造一座线型隔音山。这将为图书馆访问者提供一个大型的绿色开放空间，同时也能屏蔽相邻布埃纳维斯塔火车站的噪音。

在图书路的每个交叉口处创建一个庭院，以在图书馆内划出一个活动中心，同时也作为一个大型户外阅读室。这些庭院的墙体向南形成一个缓坡，以将阳光引入庭院和图书馆。

主入口位于新图书馆的南面角落，它被折叠起来并向上提升了五层楼，以创造一个新广场，将墨西哥图书馆与布埃纳维斯塔火车站连接起来。

项目地点 / 墨西哥墨西哥城
客户 / 墨西哥城政府
面积 / 49000平方米
竣工时间 / 未建（参与竞标）

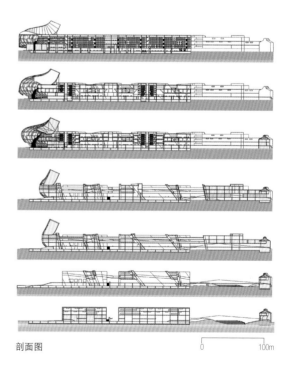

剖面图　　　　　　　　　0　　　100m

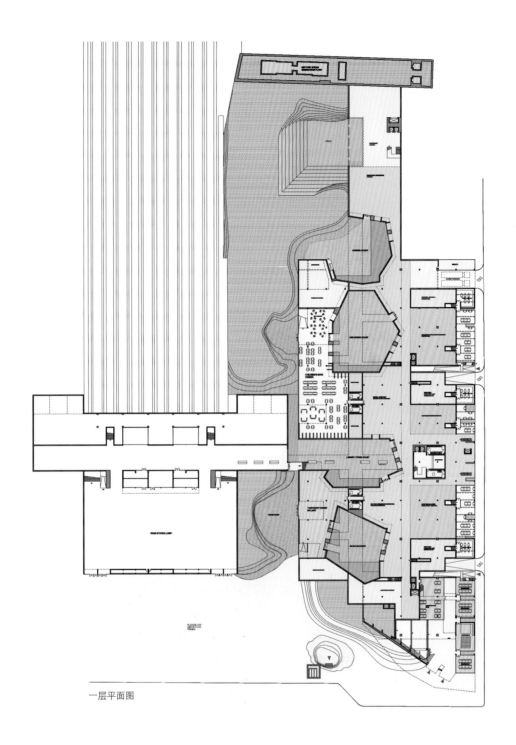

一层平面图

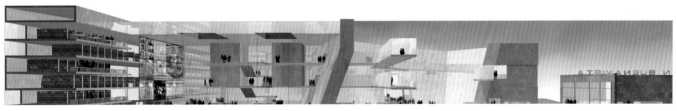

剖面图

马林斯基剧院
设计方案I

马林斯基和新荷兰项目同时加强了圣彼得堡内的现有关系，同时提供了更好地了解这座城市的新通道。该城市已经修建了两条通道——一条文化走廊和一条宗教走廊。这些新城市关系均依赖于将新荷兰改建成一个连接该城文化区和宗教区的枢纽。

圣彼得堡有两个主要文化区：其一，宫殿广场及其周边建筑冬宫、修道院和金钟酒店；其二，距离不远的马林斯基剧院和林姆斯基–高沙可夫音乐学院。这两个区通过新荷兰文化中心的开发连接了起来。新荷兰文化中心在理论上被视为一个枢纽，它的独特三角形形状使得走廊可以变化方向，并连接两个文化区。

宗教走廊将圣艾萨克大教堂与圣尼古拉大教堂连接起来。设计师们从该城的历史汲取灵感，改建了曾经站立在新荷兰现场附近的古拉戈伟思成斯卡尼教堂。新教堂被迁移至圣艾萨克大教堂与圣尼古拉大教堂轴线的交叉处附近。因此，它成为了新轴线的终点，变成了连接两座大教堂的枢纽。

在格林卡街上，马林斯基剧院是这条文化走廊的锚固点。格林卡街被改建成一条林荫大道，以创建孔诺格瓦尔德斯基大道的视觉连接和延续。马林斯基剧院被保留并进行了修复，并在克留科夫运河对岸修建了一个容量更大的马林斯基剧院。在街道南面，马林斯基剧院成了这条文化走廊的锚固钉。新旧剧院背对背排列，即旧马林斯基剧院的后台与新马林斯基剧院的后台相连。新旧两座马林斯基剧院和林姆斯基–高沙可夫音乐学院的广场还被重新设计成一个统一的文化广场，以促进和提升这个综合区的城市和文化地位。

新马林斯基剧院与旧马林斯基剧院位于同一轴线上。新剧院由三个反应了项目问题的模块构成。设计最初能够容纳所需的舞台布置模块数量和传统剧院规模。但因为现场的限制以及舞台布置模块的固定尺寸，剧院的形状便被压缩了。

剧院辅助空间所需用地大部分位于一座方正的大楼内，为剧院提供了一个背景。设计师通过规划大楼和剧院的位置而创建了两个新外部空间——广场和庭院。一条延续了整个现场长度的玻璃封闭步行街提供了通向外部广场、主大厅和外部庭院的通道和入口。

项目地点 / 俄罗斯圣彼得堡
客户 / 马林斯基剧院
面积 / 69677平方米
竣工时间 / 未建（参与竞标）

模型

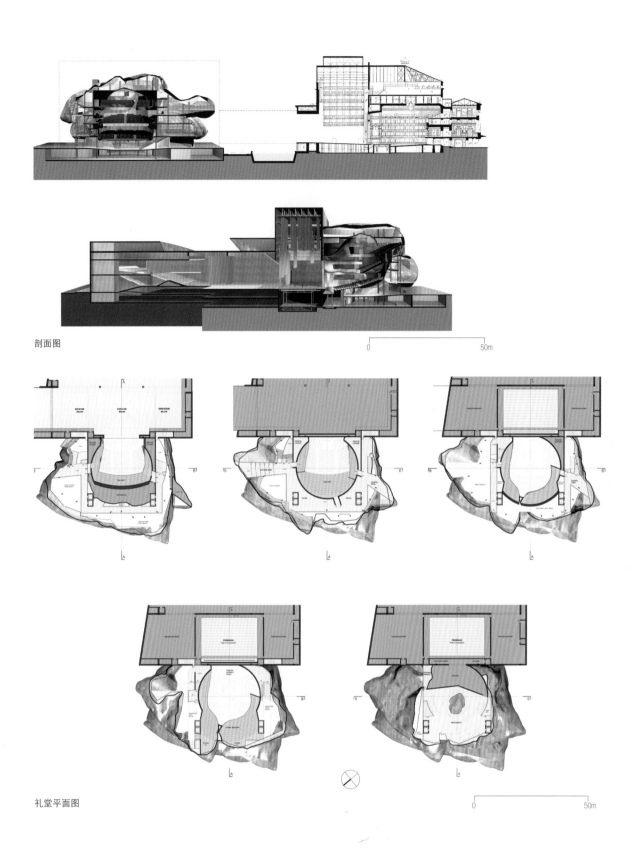

剖面图

0　　　　　　50m

礼堂平面图

0　　　　　　50m

马林斯基剧院
设计方案II

马林斯基剧院设计方案II源于两种层面的两个视角：第一个将项目定义为位于现有城市秩序内的一个新结构，即"由外向内"；第二个则基于表演厅本身，即"由内而外"。

新大厅由三个相邻的玻璃模块构成，是一个运动的比喻。它既依赖城市中重要地点之间的直接联系——"由外向内"的思想，同时又是内部规划要求如大厅、步道、演讲厅和聚会空间的必然要求——"由内而外"。最终的内部空间是一种独特的空间和序列结构。它的弧形玻璃表面沿着一个闪亮的结构向上攀升了43米，而这个结构随着空间向着阳光和天空延伸而不断扩张和回缩。

外层壳体的弧形玻璃片为建筑提供了一个保护性外壳，却没有将建筑封闭起来，使其免受气候的影响。双层玻璃内立面是由一系列平面玻璃构成的，形成与外部弧形一致的形状。两个半圆形桁架环贯穿大厅，打断了弧形外部玻璃。这两个环是步行大道，可用于散步，很像原马林斯基剧院的白厅。

公共广场上的剧院入口被中心立面模块的高架玻璃遮阳棚分开。公众从这里进入大前厅。这条公众可用的大道与剧院分开，同时引导公共人流前往售票处、地下零售店和马林斯基纪念品商店。

新剧院大厅被构想成"位于枝形吊灯内"——既是一种与原马林斯基剧院闪闪发光的玻璃棱镜和室内设计之间的直接联系，也是马林斯基剧院设计方案II中光和空间的诗意表现。玻璃虽是剧院的一种主要美学体验，但同时也具有技术功能。高低起伏的表面重现了一个装饰精美的古典歌剧院的扩音特点。弧形板以第二个多面体平面为支撑的大厅设计概念被再次应用在内部空间。然而，第二个表面却采用第二种材料——木材。

大厅顶面被设计成透明的隔音玻璃网格，上方是半透明的可移动吊顶，可在举办歌剧、芭蕾和交响乐表演时进行合理的调整。照明对这种特别的玻璃用途极其重要。阳台立面的玻璃片将采用背光照明，用光学纤维照亮玻璃边缘，产生一种丰富而华丽的流光和闪光。

圣彼得堡被称为俄罗斯的"西部窗口"。新马林斯基项目对玻璃的象征性采用了从逻辑上遵循这座城市作为窗口的历史概念。但这个21世纪的"窗口"——马林斯基剧院设计方案II的公共大厅和表演厅——不

项目地点 / 俄罗斯圣彼得堡
客户 / 马林斯基剧院
面积 / 69677平方米
竣工时间 / 未建（参与竞标）

模型

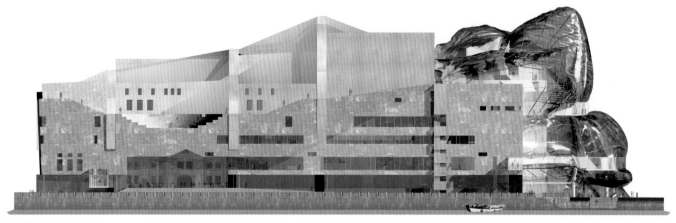

东立面图

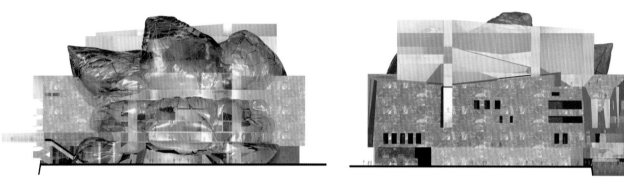

北立面图

南立面图

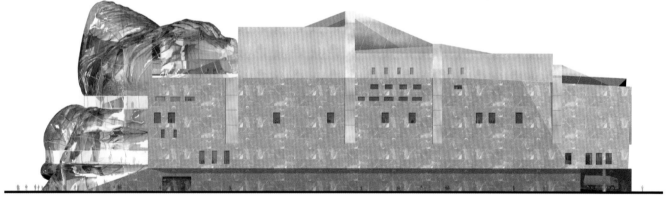

西立面图

0   20m

再是一道从东向西的简单风景。实际上，它现在已经变成了多方位的
象征性窗口：从过去到未来，从未来到过去；从内至外，从外至内；
从城市到大堂到住房，从住房到大堂到城市；从第一座马林斯基剧院
到第二座，从第二座到第一座。

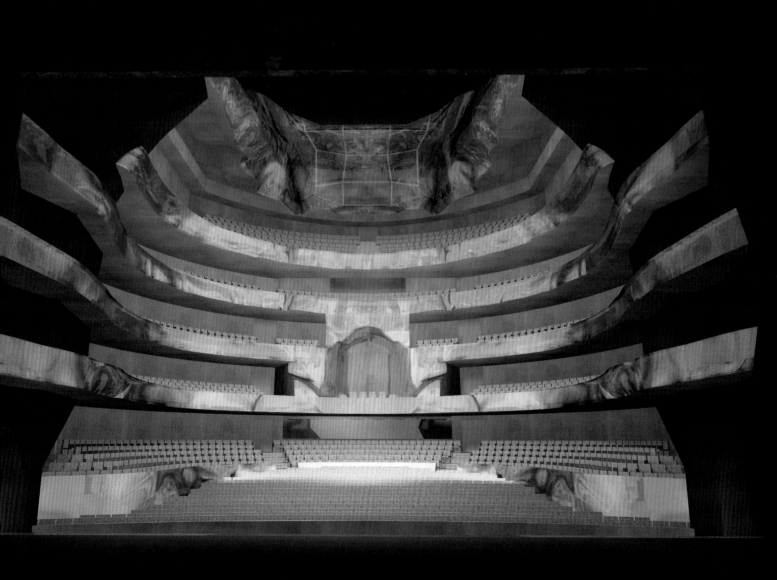

女王美术馆

女王美术馆的设计方案揭露了原建筑的组织优势，展现了公共参与、展览和表演空间的新前景。

初步设计方案是矫正式的。建筑的中心部分被拆除，使"全景"的外围结构露出来作为主要实体。钢屋顶桁架被保留了下来，而一个重新封闭的中心结构变成了"重要活动"空间。

"重要活动"空间是开放和弹性的。原地面被拆除，土壤被挖空，留下一个碗状结构，形成一个向"全景"底部的理论中心延伸的缓坡。临时座椅可设置在碗状结构内——一个（近似）圆形剧场。展品可安装在倾斜表面，或悬挂在上方的桁架上。

书店和咖啡馆、"全景"结构、世界博览馆和蒂凡尼的固定收藏品以及临时画廊空间通过一条精心规划的步道与"重要活动"空间连起来。一条新公共通行坡道沿着"全景"结构的外墙攀升，使从上方观看"重要活动"的空间成为可能。在二楼，"全景"结构表面上的第二个坡道提供了前往一条以玻璃封闭的多功能空间的通道。屏幕可安装在坡道上，这样电影或视频可在空间内观看或透过玻璃映射到外面的停车场。

在临时画廊之间设置一个独特的双层多功能空间。举办大型展览和表演活动时，可联合使用主要空间和走廊，只需打开将空间隔离的五扇玻璃门就行。举办独立展览或表演活动时，则可利用灵活的移动性隔断隔开。双层高空间和"重要活动"空间上方横跨着两座天桥，为悬挂物品、投影屏和照明设施提供了方便。

步行路线与美术轴线分开，为公众路过主活动空间的周围提供了机会，使得他们无需实际进入画廊就可参观展品。这种组织性"捷径"能让更广的公众接触现代艺术。

从碗状结构挖出的土壤被重新利用构成一座线型山，创造了一种沿大中央公路行走的存在感。

植草碗状结构的西面延伸成了一个雕塑花园。博物馆储藏室设置在山的腹内，位于雕塑花园的下方。植草堤岸在户外展览/表演区的周围设置了非正式座椅。

一道叠层玻璃"垂饰"重新围合了"重要活动"区。玻璃可以是透明、半透明或不透明的。玻璃门通过低压电线控制，从而使玻璃从透

项目地点 / 美国纽约
客户 / 纽约市政府
面积 / 9290平方米
竣工时间 / 未建（参与竞标）

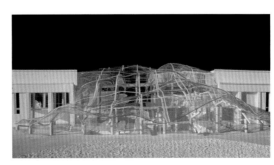
模型

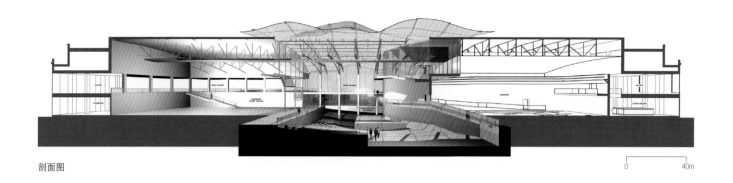

剖面图

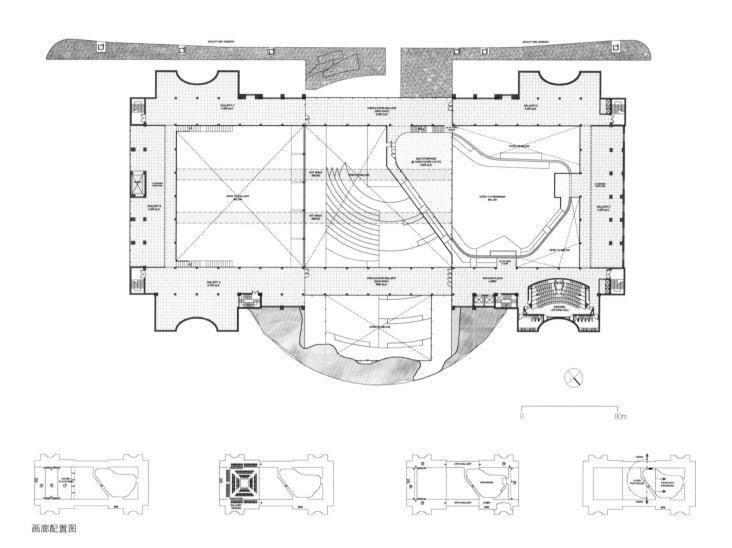

画廊配置图

明变成了不透明的乳白色。水流沿着垂饰滴到东面入口处的两个倒影
池中。无论是乘车或步行路过，女王美术馆的外观从远处看来都极其
强大和迷人。

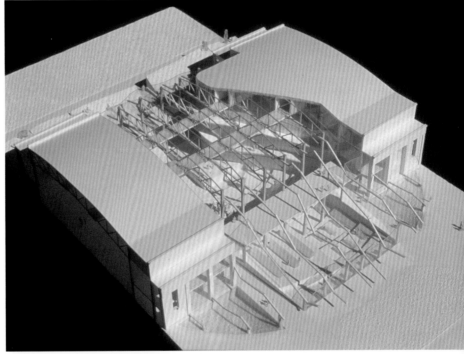

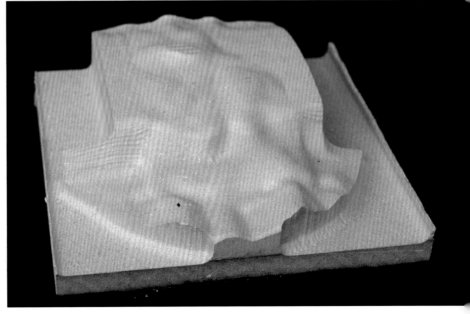

展览精选

2013 *Overdrive: L.A. Constructs the Future, 1940–1990*, J. Paul Getty Museum, Los Angeles, CA, United States

A New Sculpturalism: Contemporary Architecture from Southern California, The Museum of Contemporary Art, Los Angeles, CA, United States

Everything Loose Will Land, MAK Center for Art and Architecture, Los Angeles, CA, United States

A Confederacy of Heretics: The Architecture Gallery, Venice 1979, Southern California Institute of Architecture (SCI-Arc), Los Angeles, CA, United States

2010 *Under Construction—An Exhibition at the Austrian Pavilion,* 12th International Architecture Exhibition/ Biennale Architecttura 2010, Venice, Italy

2007 *Adventures in Kazakhstan—Eric Owen Moss Architects and Zaha Hadid Architects,* SCI-Arc Gallery, Los Angeles, CA, United States

Los Angeles: City of the Future, LACE Gallery, Los Angeles, CA, United States

Entropy—The Arts in Architects, Koplin Del Rio Gallery, Culver City, CA, United States

2006 *Royal Academy of Arts—Summer Exhibition 2006*, Guangdong Provincial Museum, Guangdong, China

London Architecture Biennale 2006, Clerkenwell, London, United Kingdom

Yildiz Exhibition 2006, Conjunctive Points Theater Complex, Culver City, CA, United States

2005 *Whatever Happened to LA?: Architectural and Urban Experiments, 1970–1990*, SCI-Arc Gallery, Los Angeles, CA, United States

2004 *Dedalo Minosse International Prize*, Palladian Basilica, Vicenza, Italy

La Biennale di Venezia, Metamorph, Giardini Arsenale, Venice, Italy

2003 *5th São Paulo International Biennale of Architecture and Design*, São Paulo, Brazil

Beyond Media/Oltre 1 Media 03, Florence, Italy

Mak Center/Schindler's Paradise Architectural Resistance 2003, MAK Center, Los Angeles, CA, United States

Architectures Experimentales, 1950–2000, Collection du Frac Centre, Orléans, France

GA Gallery, Tokyo, Japan

Westweek Exhibit

A New World Trade Center: Design Proposals, Cube Gallery, Manchester, United Kingdom; Deutsches Achitektur Museum, Frankfurt, Germany; Arkitekturmuseet, Stockholm, Sweden

2002 AIA/LA Design Awards

GA International 2002, GA Gallery, Tokyo, Japan

Top-Center Cultural Center, Taichung, Taiwan

Macau Museum of Art, Macau, China

Overseas Museum, Guangzhou, China

2002 Bass Museum of Art, Miami Beach, FL, United States

American Craft Museum, New York, United States

GA Gallery, Tokyo, Japan

Architecture for a New Millennium, Taipei, Taiwan

La Biennale di Venezia, Venice, Italy

Designing the Future, Queens Museum of Art, New York, NY, United States

A New World Trade Center: Design Proposals, Max Protetch Gallery, New York, NY, United States

National Building Museum, Washington, D.C., United States

What's Shakin': New Architecture in LA, Museum of Contemporary Art at The Geffen Contemporary, Los Angeles, CA, United States

Billiard Table—MAK Edition, MAK Center for Art and Architecture, Vienna, Austria

U.S. Design: 1975–2000, Denver Art Museum, Denver, CO, United States

Constructing California, SFMOMA, San Francisco, CA, United States

2001 *Seeing*, LACMA, Los Angeles, CA, United States

GA Gallery, Tokyo, Japan

Architectural Freehand Drawing Exhibition, New Opera House, Oslo, Norway

GA International 2001, Tokyo, Japan

2000 *GA Project 2000*, Tokyo, Japan

1999 *Recollecting Forward: 10 Years and the New City*, INMO Gallery, Los Angeles, CA, United States

Architettura in Vista, Ordine degli Architetti di Roma, Rome, Italy

American Academy, New York, United States

GA Houses 1999, Tokyo, Japan

Glasgow 1999, Glasgow, Scotland, United Kingdom

1998 *Architecture Again,* MAK, Vienna, Austria

Microspace/Global Times, Los Angeles, CA, United States

100 Years of Architecture, MOCA, Los Angeles, CA, United States

In the Tank, exhibit at UCLA, Los Angeles, CA, United States

8 Architects, exhibit at UC San Diego, San Diego, CA, United States

1997 *Fabrications*, Wexner Center, Columbus, OH, United States

GA International, Tokyo, Japan

Architect's Reflections of Chicago, The Art Institute of Chicago, Chicago, IL, United States

1996 *Paper Art 6*, Leopold-Hoesch-Museum der Stadt Düren, Düren, Germany

Green Umbrella, Havana, Cuba

La Biennale di Venezia, Venice, Italy

Present and Futures: Architecture in Cities, Centre de Cultura Contemporania, Barcelona, Spain

Artistes/Architectes, Le Centre Culturel de Belem, Lisbon, Portugal

Architecture Again, Los Angeles, CA, United States

1995 *Eric Owen Moss: Recent Work*, GA Gallery, Tokyo, Japan

Details, *Green Umbrella*, University of East London, London, United Kingdom

Artists/Architects, Institut d'Art Contemporain, Villeurbanne, France

Schindler House, Los Angeles, CA, United States

Wellington University, Wellington, New Zealand

GA International, Tokyo, Japan

GA International, Contemporary Art Center and Theater, Nueva Vieja, Havana, Cuba

School of Architecture, Princeton University, Princeton, NJ, United States

1993 *MANIFESTOS—International Exhibition of Contemporary Architecture*, Havana, Cuba

Concours pour l'Amenagement du Site Francis Poulenc, Contemporary Art Center, Tours, France

Philippe Uzzan Galerie, Paris, France

The Contemporary Arts Center, Cincinnati, OH, United States

Current Architecture and Furniture, Aspen Art Museum, Aspen, CO, United States

Fonds Regional d'Art Contemporain du Centre (FRAC), Orléans, France

Graduate School of Design, Harvard University, Cambridge, MA, United States

Angels & Franciscans: Innovative Architecture from Los Angeles and San Francisco, Santa Monica Museum of Art, Los Angeles, CA, United States

New Realities—Neue Wirklichkeiten II: Architektur—Animationen—Installationen, Museum fur Gestaltung Zürich, Zürich, Switzerland

1992 *Progressive Architecture 'New Public Realm'*, Washington, D.C.; New York, NY; Denver, CO; San Francisco, CA, United States; Toronto, Canada

Excavation, University of California, Los Angeles, CA, United States

Houses in Los Angeles, California, University of Zagreb, Zagreb, Croatia

Contemporary Architectural Freehand Drawing, GA Gallery, Tokyo, Japan

Angels and Franciscans: Innovative Architecture from Los Angeles and San Francisco, Gagosian/Castelli Gallery, New York, NY, United States

Theory and Experimentation, London, United Kingdom

Architects' Art 1992, Gallery of Functional Art, Santa Monica, CA, United States

1991 Bartlett School of Architecture and Urban Design, London, United Kingdom

Österreichisches Museum fur Angewandte Kunst, Vienna, Austria

1990 Salle des Tirages du Credit Foncier de France, Paris, France

Midnight at the Oasis, Harvard Graduate School of Design, Cambridge, MA, United States

Blueprints for Modern Living: History and Legacy of the Case Study Houses, Museum of Contemporary Art, Los Angeles, CA, United States

照片版权信息

Tom Bonner

Morgenstern Warehouse (30 below, 31 below)

Petal House (34 below)

UC Irvine Central Housing Office Building (42–47)

Lawson-Westen House (50–53)

Pterodactyl (56–61)

Umbrella (64–71)

Stealth (74–77)

Samitaur Tower (80–83)

Samitaur (86–89)

Box (92–95)

Beehive (98–101)

3555 Hayden (104–107)

3535 Hayden (110–113)

8522 National (116–119)

Cactus Tower (128–131)

What Wall? (134–137)

Paramount Laundry (140–143)

Gary Group (146–151)

If Not Now, When? (170–173)

Daniel Zimbaldi

Morgenstern Warehouse (26, 28–29, 30 above, 31 above)

Tim Street-Porter

Petal House (34 above left, above right, middle left, middle right, 35–39)

Piero Codato/Cameraphoto Arte, Venezia

Austria Under Construction (154)

All other drawings, diagrams, model images, and photographs courtesy Eric Owen Moss Architects

项目列表